Celina del Amo

Sachkundenachweis für Hundehalter

So bestehen Sie den Hundeführerschein

2., aktualisierte Auflage

W0194470

2

Inhalt

Erziehung (handwritten)

Und weiter geht's !

Die jeweils nächsten Lernschritte zu den
Übungen in den Wochenübersichten
finden Sie unter: www.ulmer.de/skn
als Download.

4

Sachkundenachweis für alle Hundehalter?!

Seit dem 1. 7. 2011 ist in Niedersachsen ein neues Gesetz über das Halten von Hunden in Kraft. Zweck und Geltungsbereich dieses Gesetzes beziehen sich auf die Abwendung von Gefahren im Sinne der öffentlichen Sicherheit und Ordnung, die mit dem Halten und Führen von Hunden verbunden sein können.

Jeder, der einen Hund hält oder für eine juristische Person mit der Betreuung eines Hundes verantwortlich ist, muss die Sachkunde besitzen!

Diese ist durch die erfolgreiche Ablegung einer **theoretischen** und einer **praktischen Prüfung** nachzuweisen:

- Die theoretische Sachkundeprüfung ist vor der Aufnahme des Hundes
- und die praktische Prüfung während des ersten Jahres der Hundehaltung abzulegen.

Der Sachkundenachweis Niedersachsen gilt somit generell für die Hunde-

Die Sachkunde muss jeder Hundehalter – unabhängig von Rasse oder Größe – besitzen.

haltung und ist unabhängig vom Rassetyp oder der Hundegröße. In den Durchführungsbestimmungen ist festgelegt, was für den Sachkundenachweis in Bezug auf die Theorie und Praxis erforderlich ist.

In der **theoretischen Sachkundeprüfung** muss der Tierhalter sein Wissen unter Beweis stellen.

In der **praktischen Sachkundeprüfung** liegt ein besonderes Augenmerk auf der Gefahrenprophylaxe:

- Ist der Tierhalter in der Lage, seinen Hund vorausschauend zu führen, sodass Gefahrenmomente von vornherein entschärft werden?
- Kann er ihn bzw. generell das Hundeausdrucksverhalten lesen und ist zu erkennen, dass er seinem Hund zur leichteren Führbarkeit bestimmte Regeln (ggf. auch Gehorsamsübungen) vermittelt hat?

Im Sinne der praktischen Sachkundeprüfung sind die Prüfungen verschiedener Verbände (u. a. die Hundeführerscheinprüfung des BHV und des iBH) anerkannt. Schwerpunkt der praktischen Prüfungen ist neben dem Gehorsam des Hundes vor allem seine Sozialverträglichkeit.

Im Niedersächsischen Gesetz über das Halten von Hunden ist zudem auch geregelt, wer einen Hund halten darf und welche Meldepflichten in Bezug auf die Hundehalter bestehen. Den Gesetzestext sowie die Durchführungsbestimmungen haben wir für Sie unter www.ulmer.de/skn zum Download bereitgestellt. Dieses Buch soll Ihnen die Vorbereitung auf die Kurse bzw. Prüfungen erleichtern.

Es werden alle **rechtsrelevanten Themen** behandelt sowie **Trainingsvorschläge für die praktische Umsetzung** gängiger Grunderziehungsübungen vorgestellt. Diese haben sich nicht nur vor dem Hintergrund der Gefahrenprophylaxe bewährt, sondern vereinfachen generell das Zusammenleben zwischen Hund und Mensch. Mit den **Übungsplänen** (ab Seite 115) und den Tabellen aus dem **Übungspool** (Download: www.ulmer.de/skn) kann leicht ein **individuelles Tagestraining** zusammengestellt werden.

Basiswissen für Hundehalter

Entwicklungsgeschichte des Hundes

Es gibt heute auf der Welt über **400 verschiedene Hunderassen**. Alle haben einen gemeinsamen Stammvater: den Wolf. Durch Knochenfunde weiß man, dass Hunde schon seit etwa 12 000 Jahren mit Menschen zusammenleben.

Der Hund stammt zwar vom Wolf ab – aber wie genau aus dem Wolf ein Hund wurde, ist nicht im Detail bekannt. Vermutlich suchten Wölfe die Nähe des Menschen, um Reste von Jagdbeute zu ergattern. Vielleicht wurden hin und wieder auch Wolfswelpen von Menschen aufgezogen, die in enger Nähe der Menschen blieben. Weniger wilde oder gar zahme Tiere wurden geduldet und konnten so selbst Nachkommen haben. Die anderen wurden verjagt oder getötet. Es begann eine erste Selektion, die später auch auf andere charakterliche und körperbauliche Merkmale ausgedehnt wurde.

Noch heute haben Hunde das Potenzial zum Raubtier. Wenn sie jedoch in menschlicher Obhut aufwachsen und schon als Welpen mit Menschen positive Erfahrungen machen, sind sie an den Menschen sozialisiert (siehe Seite 25). Menschen gehören dann in den Augen des Hundes sozusagen zu einer befreundeten Art.

Der Hund ist also ein **domestiziertes Raubtier** – ein Jäger und ein hochsoziales Rudeltier, das auf enge Kontakte mit Sozialpartnern wie Artgenossen und Menschen angewiesen ist.

Die heutige große Rassenvielfalt ist durch Zucht entstanden. Durch die gezielte Auswahl von Hunden mit bestimmten Veranlagungen entwickelten sich regelrechte Spezialisten. Hunde unterscheiden sich daher nicht nur im Aussehen, also Körperbau und Fellbeschaffenheit, sondern vor allem in der charakterlichen Veranlagung.

Jede Spezialisierung, beispielsweise auf bestimmte Jagdaufgaben, auf Wachsamkeit, Zugkraft und Kondition, auf Hüten, Herdenschutz u. a., ist auf bestimmte Talente zurückzuführen, die für diese Rassen bzw. den Rassetyp charakteristisch sind.

Aha!

Aus dem Wildtier Wolf wurde im Laufe der Zeit das Haustier Hund. Diesen Prozess nennt man Domestikation.

Tipp

Bei der Auswahl eines Hundes sollten Sie auf die jeweilige Veranlagung der Rasse besonders achten, denn diese spielt auch in der Erziehung und im Zusammenleben eine wichtige Rolle. Von größtem Wert ist, dass der Hund von seiner Veranlagung her optimal in sein späteres Umfeld passt, denn dann stehen die Chancen gut, dass keine „vorprogrammierten" Probleme auftreten.

In vielen Hunden schlägt immer noch das Herz eines Jägers.

Seit jeher spiegeln sich in der Hundezucht auch unterschiedliche gesellschaftliche Stellungen der Hunde in den verschiedenen Kulturen der Erde wider.

Oft wird die Auswahl eines Hundes anhand des Aussehens getroffen. Dieses ist im Vergleich zu den Details der Veranlagung jedoch eher als Nebensächlichkeit zu betrachten. Speziellen Vorlieben in Bezug auf die Fellfarbe, Fellbeschaffenheit oder Körpergröße des Hundes kann in nahezu jedem Spezialisierungsbereich Rechnung getragen werden.

Die Natur hat es so eingerichtet, dass sich diejenigen Tiere fortpflanzen, die sich besonders gut an die sich ständig verändernde Umwelt anpassen können. Hierbei spielen die körperliche Verfassung (etwa Gesundheit, Kraft, Ausdauer) und besondere Fähigkeiten der Tiere (beispielsweise Führungsqualitäten, Jagdtalent, Stressresistenz, Souveränität) eine tragende Rolle. Heutzutage ist die Hundezucht jedoch nicht mehr an die na-

türlichen Bedingungen gebunden. Die Selektion der Zuchttiere findet durch den Menschen statt. Leider erfüllen daher längst nicht alle Zuchtrichtungen das Ziel, gesunde, spezialisierte Hunde hervorzubringen.

Das Verhalten des Tieres ist letztendlich immer sowohl von seinen genetischen Anlagen als auch (und das zu einem Großteil) von seiner Sozialisation, Habituation und seinen Lernerfahrungen abhängig. Es ist unmöglich, innerhalb weniger Generationen eine charakterliche Veranlagung und eine bestimmte Spezialisierung zu ändern, für die diese Hunderasse seit vielen hundert Jahren gezüchtet wurde.

Bei der Auswahl der Rasse sollte man vor allem auf die jeweiligen Unterschiede in der Veranlagung achten.

	Bauernhunde	Treibhunde	Herdenschutzhunde	Hütehunde	Diensthunde
Aufgaben	► Wächter von Haus und Hof ► wurden auch als Treib- und Zughunde eingesetzt	► Treiben der Rinderherden ► Wächter der Rinderherden	► Bewachen der Vieh- und Schafherden sowie des Besitzers (gegen Bären, Wölfe und Diebe) ► verbleiben häufig mehrere Tage alleine mit der Herde	► Zusammentreiben und Zusammenhalten der Schafe unter dem Kommando des Hirten ► sollen ein wehriges Schaf auch packen, es aber dabei nicht verletzen	► spezielle Selektion für den Schutzdienst
Rassebeispiele	Großer Schweizer Sennenhund, Bernhardiner	Appenzeller- und Entlebucher Sennenhunde, Rottweiler	Owczarek Podhalanski, Kuvasz, Kangal, Pyrenäenberghund	Border Collie, Australian Shepherd, Harzer Fuchs	Hovawart, dt. Schäferhund, Dobermann, Schwarzer Russischer Terrier
Talente	► kräftige Tiere, die auch heute noch Zuglasten ziehen können ► neigen wenig zum Streunen, bleiben meist bereitwillig beim Anwesen ► eher ruhiges Temperament	► Hunde, die von sich aus sehr wachsam sind ► temperamentvoll	► sehr selbstständig ► hohe Verteidigungsbereitschaft	► wendige, sehr lauffreudige und schnelle Hunde ► hohe Arbeitsbegeisterung	► schnelle und lauffreudige Hunde ► lassen sich gerne anleiten und arbeiten mit Begeisterung mit ► vielseitig, z.B. Fährte, Schutzdienst, Laufsportarten
Mögliche Probleme	► große, kräftige Tiere ► territoriale Veranlagung	► kräftige Tiere ► territoriale Veranlagung ► besonders in Arbeitslinien ist die Tendenz nach den Fesselgelenken (Füßen, Knöchel) zu schnappen sehr verbreitet	► sehr starke territoriale Veranlagung ► starke Unabhängigkeit ► Probleme bei der Einflussnahme durch den Besitzer ► sehr selbstständige, große, kräftige Tiere ► besonders in Dämmerung sehr misstrauisch ► extrem anfällig für Sozialisationsmängel	► Hüteverhalten kann bei Unterbeschäftigung als lästiger „Spleen" auftreten ► großes Lauf- und Arbeitsbedürfnis ist nicht leicht zu stillen ► sehr anfällig für Verhaltensprobleme durch mangelnde geistige Beschäftigung	► Lauf- und Arbeitsbedürfnis muss unbedingt gestillt werden ► hohe Reaktivität ► starke territoriale Veranlagung

Doggenartige (Molosser)	Pinscher und Schnauzer	Spitze und Hunde vom Urtyp		
		Nordische Hunde		
		Schlittenhunde	Jagdhunde	Hütehunde
► Wachhunde ► Jagdhunde ► Kampfhunde gegen Bären und Bullen ► Kriegshunde ► Begleithunde des Adels	► Bewachen der Stallungen und Rattenvertilger ► Begleiter und Verteidiger der Kutschen	► Schlitten ziehen ► Jagd	► stumme Jagd ► verbellen Wild erst, wenn sie es gestellt haben	► Hütearbeit ► Bewachen der Wohnstätte
Deutsche Dogge, Bordeauxdogge, Mastiff, Mastino Napoletano	Deutscher Pinscher, Mittelschnauzer	Husky, Alaskan Malamute, Samojede, Grönlandhund	Laiki, Jämthund, Elchhund	Lappenspitz, Buhund
► große, kräftige, recht ruhige Hunde ► je nach ursprünglicher Verwendung (Jagen, Wachen, Verteidigen) ► imposanter Begleithund	► sehr wendige und schnelle Hunde ► ausgeprägte Jagdpassion ► „Draufgänger"	► kräftige Hunde ► Schlitten ziehen und andere Laufsportarten ► Jagdpassion	► Laufsportarten ► Jagd	► kräftig und lauffreudig
► große, kräftige Hunde ► viele Rassen sind von gravierenden Skelettproblemen betroffen ► je nach ursprünglicher Verwendung territoriale Veranlagung	► Jagdveranlagung ► territoriale Veranlagung	► starke Jagdveranlagung ► großes Bewegungsbedürfnis ► selbstständiger Charakter	► starke Jagdveranlagung ► großes Bewegungsbedürfnis ► selbstständiger Charakter ► z. T. bellfreudig	► großes Bewegungsbedürfnis ► territoriale Veranlagung ► bellfreudig

Bei der Auswahl der Rasse sollte man vor allem auf die jeweiligen Unterschiede in der Veranlagung achten.

	Spitze und Hunde vom Urtyp		Zwerghunde		
	mitteleuropäische und asiatische Spitze	Hunde vom Urtyp		Terrier	Schweißhunde
Aufgaben	► Wachhunde (sog. Mistbeller) ► Fleischproduktion	► Jagdhunde ► Wachhunde ► verwilderte Haushunde	► keine spezielle Aufgabe ► wurden gezüchtet, um als Schoßhunde bei Hof gehalten zu werden	► Jagd auf Fuchs, Dachs, Kaninchen, Ratten und Mäuse	► Schweißarbeit (Fährte eines verwundeten Tieres aufspüren)
Rassebeispiele	Wolfsspitz, Mittelspitz, Kleinspitz, Eurasier, Chow-Chow, Japanspitz	Dingos, Kanaan Hund, Podencos, Basenjis	Malteser, Havaneser, Pekingese, Zwergspaniel	Jack Russel-, Welsh-, Border-, Yorkshire-, Cairn Terrier	► Hannoverscher Schweißhund, Bayrischer Gebirgsschweißhund
Talente	► gute Wächter ► kaum Tendenz zu Streunen	► je nach ursprünglicher Verwendung ► meist Jagdaufgaben, teilweise gute Wächter	► agile Kleinhunde ► arbeiten freudig mit, wenn sie entsprechend angeleitet werden ► spielfreudig	► lauffreudig ► agile Hunde ► Jagdpassion	► vielseitig, lauffreudig
Mögliche Probleme	► bellfreudig ► selbstständiger Charakter ► territoriale Veranlagung	► je nach ursprünglicher Verwendung ► oft starke Jagdpassion ► sehr selbstständig und ungebunden ► Dingos sind Wildtiere; keine Haltung als Haus- und Familienhund möglich	► benötigen von Anfang an ausreichend Sozialkontakte ► werden häufig unterfordert ► bellfreudig	► Jagdeifer ► selbstständig ► territoriale Veranlagung ► leicht erregbar	► starke Jagdpassion mit Neigung zum Wildern und Streunen, wenn sie nicht beschäftigt werden

Jagdhunde					
Niederläufige Bracken	**Laufhunde/ Bracken**	**Vorstehhunde**	**Stöberhunde**	**Apportierer**	**Windhunde**
► Hasen-, Fuchs-, Dachsjagd ► Nachsuchen ► Stöbern ► Baujagd	► Jagen in Meute oder paarweise bei Hetzjagden ► Hasen-, Fuchs-, Dachsjagd ► Schweiß- arbeit ► jagen spur- laut	► Vorstehen ► Apportieren	► Stöbern (Aufscheuchen von Wild) ► Apportieren	► Apportieren auch aus dem Wasser	► Jagen auf Sicht, unab- hängig vom Besitzer
Dackel, West- fälische Dachs- bracke, Petit Basset Griffon Vendéen	Foxhound, Beagle, Brandlbracke	Pointer, Deut- sche Vorstehun- de, Setter	Spaniel, Deut- scher Wachtel- hund	Labrador, Gol- den Retriever, Spanischer Wasserhund, Wasserspaniel	Afghane, Barsoi, Whippet
gute Nase, je nach ursprünglichem Zuchtziel und ursprünglicher Verwendung Spezialtalente, ausgeprägte Jagd- passion					
► starke Jagd- passion ► selbstständig	► starke Jagd- passion mit Neigung zum Wildern und Streunen, wenn sie nicht beschäftigt werden ► selbstständig	► starke Jagd- passion mit Neigung zum Wildern und Streunen, wenn sie nicht beschäftigt werden	► starke Jagd- passion mit Neigung zum Wildern und Streunen, wenn sie nicht beschäftigt werden	► Neigen zum Verteidigen von Gegenständen, große Wasser- begeisterung	► starke Jagd- passion ► sehr selbst- ständig

Auswahl des Hundes

Die Rassevielfalt bei Hunden ist enorm. Mittlerweile gibt es über 350 durch die FCI (Fédéracion Cynologique Internationale) international anerkannte Rassen. Nicht zu vergessen außerdem die unüberschaubare Anzahl möglicher Mischungen und Fülle „neuer" bzw. (noch) nicht anerkannter Rassen. Aus diesem Pool gilt es, einen Hund zu finden. Bei dieser großen Auswahl sollte es leicht sein, einen Hund auszuwählen, der von der Veranlagung her **ideal in das zukünftige Lebensumfeld** passt und gleichzeitig auch in puncto Fell, Größe und Körperbau den eigenen Vorlieben entspricht oder diesen zumindest sehr nahe kommt.

Zwei Stolperfallen gilt es aber zu meistern: Halten Sie Abstand von unseriösen Quellen, um nicht indirekt dem Missbrauch an Tieren immer wei-

Hunde nehmen ihre Umwelt hauptsächlich über den Geruchssinn wahr.

ter Vorschub zu leisten und lernen Sie bei den mitunter blumigen Rassebeschreibungen auch zwischen den Zeilen zu lesen. **Vergleichen** Sie Beschreibungen unterschiedlicher Quellen und werfen Sie hierbei ruhig auch einen Blick auf die Liste an Eigenarten oder möglicher Probleme, die diese spezielle Veranlagung aufwirft. Die hier in die Planungsarbeit und Recherche investierte Zeit macht sich später auf jeden Fall bezahlt. Schließlich ist die Wahl eines Hundes eine Entscheidung, die darauf ausgerichtet ist, mit einem sozialen Lebewesen in engem Verband für eine lange Zeit (nicht selten 10 bis 15 Jahre und gelegentlich auch länger) zusammenzuleben.

Rassespezifische Eigenschaften von Hunden

Die rassespezifischen Eigenschaften von Hunden werden durch die Zucht gesteuert. In den verschiedenen Rassegruppen werden Hunde mit einer ähnlichen Veranlagung (oft auch mit einer ähnlichen Zuchtgeschichte oder dem gleichen Zuchtziel) zusammengefasst.

Für die Auswahl eines Tieres ist es wichtig, die zuchtbedingten Grundeigenschaften zu kennen, um zumindest im Groben abschätzen zu können, mit welcher Verhaltensentwicklung zu rechnen ist. Verallgemeinernd kann man zwischen generellen Eigenschaften und gebundenen Eigenschaften unterscheiden. Die Übergänge sind hierbei mitunter fließend, jedoch wird ein Mops niemals die Eigenschaften eines Schäferhundes besitzen.

Tipp

Widerstehen Sie dem spontanen Entschluss, irgendwo einen Hund mitzunehmen, der Ihnen angeboten wird! Informieren Sie sich zunächst, ob dieses Tier von seiner Veranlagung her auch längerfristig zu Ihnen passt.

Generelle Eigenschaften

Generelle Jagdpassion: Hierbei ist die jagdliche Spezialisierung von zusätzlichem Interesse. Sie hat vor allem auf die Ansprechbarkeit in Bezug auf die Sinnesreize (Bewegungen, andere Sichtreize, Geruchsreize oder ortsgebundene Vorlieben wie z. B. Dickicht, Wasser) und das Beuteverhalten sowie den Grad der Eigenständigkeit des Hundes großen Einfluss. Wichtig: Auch „Hüten" ist eine Jagdspezialisierung.

Generelle Führungswilligkeit: Diese wird in der ursprünglichen Zuchtausrichtung bedingt durch die Enge der Zusammenarbeit mit dem Menschen. Hunderassen, die besonders selbstständig agieren sollten oder die mehr auf die Zusammenarbeit mit ihresgleichen als auf den Menschen angewiesen waren, zeigen sich deutlich eigenständiger (Beispiele: Meutehunde, Herdenschutzhunde, viele Terrier).

Generelle Aktivität: Der Aktivitätsgrad einer Rasse ist eng mit dem ursprünglichen Zuchtziel verknüpft. Alle Hunde, deren Ahnen auf einen hohen Aktivitätsgrad hin selektiert wurden („Arbeitshunde"), möchten auch heute noch körperlich und geistig ausreichend beschäftigt werden. Je nach ursprünglichem Zuchtziel findet man

Hunde mit stark unterschiedlichen Talenten.

Generelle Reaktivität: Unter Reaktivität versteht man die Ansprechbarkeit auf Außenreize – also in gewissem Maße die pauschale Reizschwelle. Reaktivität ist eng mit der allgemeinen Erregungslage verknüpft, wobei diese auch über das Haltungs- und Trainingsmanagement stark beeinflusst werden kann. Ein wichtiges Detail ist auch die zuchtgeschichtliche Hauptstrategie in der Reaktionsweise auf Außenreize. Sie spiegelt sich unter anderem darin wider, wie bellfreudig der Hund ist oder wie schnell er aggressiv reagiert.

Maß der Territorialität: Besonders stark ausgeprägt ist diese Eigenschaft bei vielen sogenannten Gebrauchshunderassen und bei den Herdenschutzhunden, aber auch bei anderen Rassen ist mitunter zuchtgeschichtlich in diese Richtung selektiert worden. Hunde mit einer starken Territorialität weisen eine höhere Tendenz zur Ressourcenverteidigung auf. Voll ausgeprägt zeigt sich dies aber erst mit dem Erreichen der sozialen Reife. Diese Eigenschaft ist bei Wachhunden stets erwünscht. Für ein friedvolles Zusammenleben im privaten Bereich sind eine besonders gründliche Sozialisation und eine frühe Einflussnahme über positive Trainingselemente in Bezug auf Ressourcen allerdings unumgänglich.

Gebundene Eigenschaften

Körperliche Empfindlichkeit: Manche Rassen sind körperlich empfindlicher als andere. Körperlich unempfindliche Rassen lassen sich Schmerzen weniger leicht anmerken und sind beispielsweise auch im Spiel oder Training unempfindlicher gegen Rempeleien. Diese Eigenschaft bezieht sich jedoch nur auf die Reaktion, sie bedeutet jedoch nicht, dass Hunde dieser Rassen weniger Schmerzen empfinden! Sie verfügen grundsätzlich über die gleichen Sinneszellen wie andere Rassen auch. Im Allgemeinen zeigen sich solche Hunde in entspannten Momenten toleranter in Bezug auf körperliche Berührungen. Stress führt einerseits zu einer momentanen Unempfindlichkeit, geht jedoch auch mit einem deutlich höheren Maß an Reaktivität einher!

Soziale Aufgeschlossenheit: Diese „Charaktereigenschaft" ist in den ersten Lebenswochen in relativ weitem Maße formbar. Die Weichen werden in den ersten 6 bis 12 Lebenswochen gestellt (Stressfeintuning in der Neugeborenenphase, Fülle an Geborgenheitsreizen bis hin zur Sozialisation mit Artgenossen und Menschen, siehe Seite 25). Auch vielfach beschriebene Eigenschaften wie Kinderfreundlichkeit, Anhänglichkeit und Aggressionstendenzen fallen unter diesen Punkt. Es handelt sich hierbei also keineswegs um echte Charaktereigenschaften! Wie stark diese Eigenschaften ausgeprägt sind, hängt hierbei stets von den Vorerfahrungen ab und ist an die Haltungs- und Trainingsbedingungen gebunden.

Auch die soziale Kompetenz im Umgang mit Artgenossen ist vom Grad der Sozialisation und von der momentanen Stressbelastung des Tieres abhängig. Bestimmte Verhaltenstendenzen wie beispielsweise das Anlauern oder Anrempeln oder Spielvorlieben

werden aber auch durch die ursprünglichen Verwendungszwecke der Rassen, also den Haupteinsatzzweck der Rassen bedingt.

Lernfreude/Motivationsfähigkeit: Das Maß der Lernfreude bzw. Motivationsfähigkeit ist mit der Führungswilligkeit eng verwandt, jedoch vergleichsweise stark über das Haltungsmanagement zu beeinflussen. Hunde, die früh gelernt haben, dass Lernen unter menschlicher Führung für sie mit einem persönlichen Erfolg einhergeht, sind leichter für die Zusammenarbeit (zumindest mit ihrer Bezugs- bzw. Trainingsperson) zu motivieren.

Gefährlichkeit: Die Gefährlichkeit eines Hundes hängt von vielen Faktoren ab. Das Maß der Beißhemmung spielt hierbei eine wichtige Rolle. Aber auch der Grad der Sozialisation, die generelle Tendenz zu Ängstlichkeit, die Reaktivität, Territorialität und die momentane Gesundheit des Tieres sind relevante Größen bei der Gefahreinschätzung. Die Gefährlichkeit eines Hundes kann vor allem beim Welpen und Junghund noch maßgeblich über die Haltungs- und Trainingsbedingungen beeinflusst werden – eine gute allgemeine Gesundheit vorausgesetzt (siehe Seite 51).

> Die Tendenz zu Ängstlichkeit ist im Gegensatz zur Aggression in starkem Maße genetischen Einflüssen unterworfen. Zusätzlich wird ängstliches Verhalten besonders stark durch das Verhalten der Mutterhündin beeinflusst. **Aha!**

nen Sie die Eigenschaften, die er in Zukunft wahrscheinlich entwickeln wird, in erster Linie anhand der (Rasse-)**Veranlagung** und an den **Beobachtungen vor Ort** abschätzen. Charakterlich ist dieses Tier aber noch in weitem Maße formbar (siehe auch Check-up-Fragen Seite 19). Bei

Kind und Hund können ein tolles Team bilden.

Welpe oder erwachsener Hund?

Für die Ausbildung des Charakters spielen die Aufzuchtbedingungen und die späteren Umwelteinflüsse, unter denen das Tier aufgewachsen ist, eine große Rolle. Bei einem Welpen kön-

> **Hinweis**
>
> Bei einer einmaligen Begutachtung können weder bei einem Welpen noch bei einem erwachsenen Hund charakterliche Feinheiten erkannt werden!

einem erwachsenen Hund ist auf Anhieb mehr zu erkennen, denn er zeigt sich schon so, wie er aufgrund seiner Veranlagung und den Erfahrungen der vorausgegangenen Monate oder Jahre geworden ist.

Im Durchschnitt werden heute mehr „Familien-" als „Arbeitshunde" gehalten. Allein aufgrund dieser Bezeichnung erscheint das Leben als Familienhund zunächst vielleicht nicht so anspruchsvoll – jedoch ist dies ein Trugschluss. Die Anforderungen, denen ein Familienhund standhalten muss, sind nicht zu unterschätzen! Es ergeben sich im Alltag etliche Stresssituationen, die problematisch werden können, wenn der Hund nicht speziell darauf vorbereitet wurde. Hier kommen vor allem die frühen Lebenserfahrungen zum Tragen: Defizite in der Geborgenheitsgarnitur bei einem Welpen, mangelnde Sozialisationserfahrungen und/oder zusätzliche negative Lernerfahrungen können das entspannte Miteinander nachhaltig trüben.

Tipps bei der Auswahl eines Hundes

- Achten Sie bei der Auswahl eines **Welpen** generell auf eine möglichst umfangreiche Geborgenheitsgarnitur (siehe Seite 28) und wahlweise zusätzlich auf eine hohe Übereinstimmung der Geborgenheitsreize mit den Reizen, die der Welpe in Ihrem Haushalt vorfinden wird.
- Wählen Sie einen **erwachsenen Hund** aus einem Umfeld, das Ihrem Lebensumfeld ähnlich ist oder überprüfen Sie vorher, ob er mit der für Sie alltäglichen Reizfülle vertraut ist, und hinterfragen Sie, ob Probleme bekannt sind – denn diese bringt der Hund zu Ihnen mit.

Herkunft des Hundes

Wenn Sie sich einen Rassehund anschaffen möchten, sind **Züchter** dieser Rasse im Normalfall die richtigen Ansprechpartner. Nehmen Sie in diesem Fall ruhig Kontakt zu verschiedenen Zuchtstätten auf, um die für Sie beste Wahl treffen zu können. Fühlen Sie dem Züchter anhand der im Folgenden aufgeführten Check-up-Fragen genau auf den Zahn: Steht er Ihnen hierbei geduldig Rede und Antwort? Wie lange ist er mit der Rasse, die er züchtet, vertraut? Achtung: Züchtet der Züchter gleichzeitig viele unterschiedliche Rassen, so sollten Sie misstrauisch werden.

Treffen Sie Ihre Wahl in Bezug auf die Zuchtstätte anhand der Fakten. Lassen Sie sich bei dieser Entscheidung (noch) nicht von den Hundeaugen verzaubern!

Züchter geben die Hunde meist im Welpenalter ab. Aber auch Junghunde oder erwachsene Hunde können im Einzelfall vom Züchter übernommen werden. Fragen Sie in solch einem Fall

Check-Up-Fragen vor der Übernahme eines Hundes
- Achtet der Züchter auch im Hinblick auf die gesundheitlichen Belange seiner Tiere auf eine gute Zuchthygiene (wie werden die Tiere ernährt, sind sie entwurmt und geimpft)?
- Kann er tierärztliche Unterlagen vorweisen, die belegen, dass die Elterntiere in Bezug auf bestimmte Erbkrankheiten, die in dieser Rasse gegebenenfalls gehäuft auftreten, überprüft wurden und frei von derartigen Krankheiten sind?
- Wie hält er seine Hunde (voll in die Familie integriert, im Zwinger, im Garten)?
- Wie früh können Sie den Hund zu sich nehmen?
- Gibt es die Möglichkeit, die Hunde vor der Übernahme mehrmals zu besuchen?
- Welche Förderungen erfahren die Hunde (vor allem Welpen und Junghunde) bereits im Züchterhaushalt?
- Wie gut sind die Hunde in den familiären Alltag integriert (gibt es Spaziergänge/Ausflüge/Übungen)?
- Wie hoch ist die Übereinstimmung wesentlicher Parameter (z. B. Kontakte zu fremden Menschen, Tieren, Geräuschbelastung etc.) zwischen dem Züchterhaushalt und Ihrem eigenen Haushalt?

auch nach dem Grund, weshalb der Hund nicht bereits als Welpe abgegeben wurde.

Bei der Übernahme eines Hundes aus dem **Tierheim** ist der Hund meist kein Welpe mehr. Gleiches gilt für Notvermittlungen, die privat oder als Verein organisiert und meist auf bestimmte Rassen spezialisiert sind. Überprüfen Sie auch hier alle Ihnen zur Verfügung stehenden Daten im Hinblick auf die Eignung dieses speziellen Hundes für das Zusammenleben mit Ihnen. Lernen Sie den Hund dann kennen und beobachten Sie sein Verhalten genau. Bitten Sie gegebenenfalls einen Fachmann (z. B. einen gut ausgebildeten Hundetrainer), Ihnen bei der Entscheidung zur Seite zu stehen. Wenn der Hund gut zu Ihnen passt, steht der Übernahme (außer den bürokratischen Dingen ...) nichts mehr im Wege.

Neben der Übernahme eines Hundes vom Züchter oder aus dem Tierheim kommt auch eine **private Vermittlung** in Betracht. Bei der Übernahme aus privater Hand handelt es sich meist um ein Einzeltier. Ansonsten ähneln die Auswahlkriterien denen der Übernahme eines Hundes aus dem Tierheim. Hinterfragen Sie zusätzlich, weshalb der Hund abgegeben werden soll. Manchmal ist der Grund ein Problemverhalten des Tieres. Sind Sie

Tipp

Sowohl beim Züchter als auch im Tierheim hat man meist die Wahl zwischen mehreren Hunden. Lassen Sie sich mit der Entscheidung, welches Tier zukünftig „Ihr Hund" sein soll, Zeit und berücksichtigen Sie auch den Rat der Menschen, die den Hund am besten kennen (Tierheimpersonal bzw. Züchter).

diesem gewachsen? Können Sie sich auf die Erklärungen des Vorbesitzers verlassen? Passt der Hund in allen Einzelheiten zu Ihnen? Wenn ja, kann es losgehen und der Hund zieht bei Ihnen ein.

Übernahmealter

Ob Sie sich für einen Welpen oder einen erwachsenen Hund entscheiden, ergibt sich aus ganz persönlichen Gründen. Beides kann Vor- und Nachteile haben. Speziell beim Welpen sind die Entwicklungsunterschiede und auch die Möglichkeiten der Einflussnahme auf die Entwicklung (je nachdem, in welcher Lebenswoche der Hund zu Ihnen kommt) gravierend,

sodass sie bei der Entscheidung zur Übernahme des Hundes dringend berücksichtigt werden sollten.

Bedenken Sie, dass die Welpenzeit die wichtigste Zeit im Leben des Hundes ist, denn hier werden die Weichen fürs ganze Leben gestellt. Ungünstige Umwelt- und Lebensbedingungen während der ersten Lebenswochen in Bezug auf Haltung und Aufzucht sowie negative Erlebnisse schlagen sich deutlich nieder und sind später nur sehr schwer zu beeinflussen.

Übernahmezeitpunkt eines Welpen

Leider kann man nicht pauschal beantworten, wann der günstigste Zeitpunkt ist, einen Welpen zu übernehmen. Mit Blick auf die Notwendigkeit

Spielend wird die Welt erkundet.

einer guten Sozialisation und einer möglichst großen Geborgenheitsgarnitur ergeben sich aber einige Gesichtspunkte, die den einen oder anderen Zeitpunkt der Übernahme günstiger erscheinen lassen.

Bei einem **verantwortungsbewussten Züchter**, der den Welpen ein breit gefächertes Angebot verschiedenster Umweltreize bietet, können die Welpen – eingegliedert in ihren Familienverband (täglicher enger Kontakt mit der Mutterhündin und den Geschwistern und gegebenenfalls weiteren erwachsenen Hunden aus der Zucht) – schon diverse wichtige Aspekte ihrer Umwelt erleben. Außerdem sind vielfältige Kontakte zu möglichst vielen verschiedenen freundlichen Menschen unterschiedlichen Geschlechts, Kleidung, Bewegungsformen usw. für eine gute Sozialisation und auch bei der Bildung der Geborgenheitsgarnitur erforderlich. Derartige Erlebnisse können und sollten den Welpen ab dem Zeitpunkt der Geburt (!) geboten werden.

Ab der ersten Grundimmunisierung (6. Lebenswoche) werden auch Kontakte mit „rudelfremden" Artgenossen – deren gutes Sozialverhalten vorausgesetzt – immer wichtiger, denn auch die Hundesprache muss noch weiter verfeinert werden. Wenn all dies vom Züchter erfüllt werden kann, ist nur noch zu bedenken, dass man als neuer Besitzer wertvolle Zeit zum Bindungsaufbau und zur Sozialisation verschenkt, je länger der Hund beim Züchter bleibt. Günstig ist es daher immer, wenn der Züchter die Möglichkeit einräumt, den auserkorenen Welpen schon vor der Übernahme mög-

lichst häufig zu besuchen. In diesen Momenten können mit ihm – getrennt von seinen Geschwistern – in kurzen Kennenlern- und gegebenenfalls auch Trainingssitzungen kleine „Abenteuer" im Sinne weiterer Sozialisation erlebt werden.

Wenn die **Aufzuchtbedingungen weniger ideal** sind oder sich der spätere Lebensraum stark vom Ort seiner Aufzucht unterscheidet, tut man gut daran, den Welpen schon früh in die neue Familie aufzunehmen. Aus Gründen der Verhaltensentwicklung wäre dies zwischen der 6. und 7. Woche besonders unproblematisch – hier ist das Verhalten der Welpen noch wenig angstgesteuert und sie gewöhnen sich daher leichter an neue Eindrücke. Die Gesetzgebung (Tierschutz-Hundeverordnung) sieht jedoch als frühesten Zeitpunkt die 8. Woche vor. Viele Züchter warten sogar noch etwas länger und geben die Welpen erst mit der 10. Lebenswoche oder noch später an den neuen Tierhalter ab, was für das neue Hund-Halter-Team unter Umständen nicht immer ganz unproblematisch ist.

Eingliederung in den neuen Haushalt

Bedenken Sie, dass die Übersiedlung in das neue Zuhause für einen Hund eine sehr aufregende Angelegenheit ist. Gestalten Sie den ersten Tag so, dass er sich frei von zusätzlichen Belastungen in seiner eigenen Geschwindigkeit an die neue Umgebung gewöhnen kann. Nach ein bis zwei Tagen Eingewöhnung kann der Hund dann schrittweise das „normale" Leben kennenlernen. Tragen Sie bei einem **Wel-**

> **Hinweis**
>
> Halten Sie Ihren Blick stets auf das Ausdrucksverhalten Ihres Hundes gerichtet. Zeigt er sich neutral oder vergnügt, ist alles im grünen Bereich. Ängstlichkeit oder Aggression sind häufig Zeichen von Überforderung. Dies kann auch mit körperlichen Symptomen wie z. B. Hecheln oder etwas zeitversetzt mit Durchfall einhergehen.

pen speziell dafür Sorge, dass er die bestmögliche, aber überforderungsfreie Förderung erhält, sodass er eine sichere und breit gefächerte Habituation (Umweltgewöhnung) und Sozialisation (Eingliederung in einen Sozialverband) erfahren kann. Ideal ist die Teilnahme an einer gut angeleiteten Welpengruppe.

Aber auch ein **Junghund** oder **erwachsener Hund** braucht für eine schnellstmögliche Eingewöhnung anfangs Ruhe und liebevolle, aber konsequente Führung sowie ggf. beim Training noch etwas Hilfestellung. So kann sich bei ihm schnell das Gefühl entwickeln, dass er bei Ihnen wirklich gut aufgehoben ist!

Verhaltensentwicklung

Die Verhaltensentwicklung eines Hundes ist ein von der Geburt an fortlaufender Prozess, der sich sowohl auf alle **inneren Reize** (Gesundheit/ Krankheit = innere körperliche Steuerung) als auch auf alle **äußeren Reize** (Umwelteinflüsse) bezieht. In jedem Moment seines Lebens wird vom Hund die Gesamtheit der einwirkenden Reize aufgenommen und im zentralen Nervensystem verarbeitet. Nach der „Verrechnung" bzw. Bewertung dieser Reize ergibt sich für den Hund jeweils eine **Verhaltensanpassung**. Änderung der Emotionen, Motivationslage und Intention können von außen anhand des vom Hund gezeigten Ausdruckverhaltens abgelesen werden. Je nach innerem oder äußerem Input kann auf den Charakter bzw. das Verhalten gezielt Einfluss genommen werden.

Es lohnt sich also, lebenslang ganz explizit auf die Gesundheit (inkl. Prophylaxemaßnahmen) des Hundes zu schauen und gleichzeitig ggf. die Reizfülle bzw. Reizqualität, die auf den Hund einwirkt, zu beeinflussen. Umwelteinflüsse können hierbei ganz gezielt herbeigeführt werden oder lediglich in Form von alltäglichen „Randbedingungen" auf den Hund einwirken. Vor allem beim Welpen ist es jedoch sinnvoll, die Steuerung der Erlebnisse nicht allein dem Zufall zu überlassen. Im Folgenden werden die einzelnen Entwicklungsphasen des Hundes und einzelne Möglichkeiten der Einflussnahme auf das Verhalten aufgeführt.

Entwicklungsphasen eines Hundes

Das gezeigte Verhalten ist immer eine Mischung aus angeborenen und erlernten Anteilen. In den unterschiedlichen Entwicklungsphasen kann auf den Prozess der Verhaltensentwicklung auf unterschiedliche Art Einfluss genommen werden.

Vorgeburtliche Phase
Die Erbanlagen des Hundes werden bei der Befruchtung der Eizelle festgelegt und durch die Gene des männlichen Tieres und der Mutterhündin bestimmt. Das von den Elterntieren ausgehende genetische Material bildet die Grundlage der Verhaltensentwicklung des Hundes. Die grundsätzlichen Weichen für diesen Prozess werden also schon sehr früh gestellt.
Einflussnahmemöglichkeit: Durch die Zucht wird das Erbmaterial breit gestreut. Dies gilt nicht nur für den Körperbau oder die Fellbeschaffenheit, sondern auch für charakterliche und gesundheitliche Aspekte. Bei der Auswahl der Elterntiere ist daher streng darauf zu achten, dass diese sowohl gesundheitlich als auch charakterlich

Ein Hund kann das Familienleben sehr bereichern.

die besten Veranlagungen aufweisen. Sie sollten frei von Erbkrankheiten sein und keine Tendenz zu Stressanfälligkeit oder Ängstlichkeit aufweisen, da diese Eigenschaften einen hohen Erblichkeitswert haben.

Neugeborenenphase

Diese Phase dauert vom Zeitpunkt der Geburt etwa **bis zum 14. Lebenstag**.

Die noch sehr wenig mobilen Welpen sind während dieser Zeit taub und blind und auf diese Weise vor ungünstigen psychischen Umwelteinflüssen geschützt. Ihre Wärmebildung ist noch nicht voll ausgereift und die körperlichen Reserven sind gering. Zwischen kalt und warm können sie aber bereits unterscheiden. Auch der Geruchs- und Geschmackssinn und das Schmerz-

empfinden sind von Geburt an bereits ausgereift.

Einflussnahmemöglichkeit: Wissenschaftliche Studien belegen, dass Geruchskontakte mit Menschen während dieser frühen Zeit zu einer leichteren Kontaktaufnahme in der folgenden Lebensphase führen. Auch mäßiger Stress, dem die Welpen jetzt ausgesetzt werden (beispielsweise wenn die Welpen zum Wiegen einzeln aus dem Wurflager genommen oder in der Hand gedreht und gewendet werden), fördert im späteren Leben die Fähigkeit, mit Belastungen und Problemsituationen fertig zu werden. Dies ist darauf zurückzuführen, dass während der Neugeborenenphase die Feinabstimmung des hormonellen Regelsystems stattfindet.

Neben der Stresstoleranz werden in dieser Lebensphase aber auch die Weichen für die Frustrationstoleranz gestellt. Im Miteinander mit Geschwisterwelpen erleben Welpen im Normalfall ausreichend viele Frustrationsmomente, die für ihre Entwicklung wichtig sind. Wächst ein Welpe hingegen ohne Geschwister auf, wird er als Handaufzucht großgezogen oder erfährt er viel „Hilfestellung" durch den Züchter, können sich Defizite in diesem Bereich ergeben, die später bei der Affektsteuerung des Tieres zum Tragen kommen.

Übergangsphase

Die Übergangsphase dauert etwa vom **15. bis zum 21. Tag**. Während dieser Zeit öffnen die jungen Hunde zum ersten Mal die Augen und die Zähnchen brechen durch. Auch der Hörsinn ist jetzt voll entwickelt. Die Welpen kön-

nen das Lager schon kurz verlassen und beginnen selbstständig, Harn und Kot abzusetzen. Die 3. Lebenswoche ist zusammen mit der 4. und 5. Lebenswoche die wichtigste Zeit zur Aufstellung der Geborgenheitsgarnitur (siehe Seite 28).

Einflussnahmemöglichkeit: Durch verschiedenste Erfahrungen mit Gegenständen und Menschen kann der Welpe eine umfangreiche Geborgenheitsgarnitur erwerben.

Sozialisationsphase

Während der Sozialisationsphase werden die zunächst im Überfluss angelegten Nervenverbindungen der jeweiligen Lebenssituation angepasst. Entscheidend hierbei ist, dass unnütze Verbindungen abgebaut und die benutzten Nervenbahnen stabilisiert werden. Für den Welpen bedeutet dies zweierlei: Einerseits verfügt er über ein umso breiteres Nervennetzwerk, je mehr Dinge er erleben kann (bessere „Hardware"), andererseits lernt er auch, wie er durch sein eigenes Verhalten Einfluss auf die Situation nehmen kann (viele Lernerfahrungen = Auswahl an „Software-Programmen"). Noch vor einigen Jahren wurde diese Phase recht weit gefasst und mit Zeiten bis zur 16. Lebenswoche angegeben. Heute weiß man, dass bereits in der Übergangsphase und den ersten beiden Wochen der Sozialisationsphase (Lebenswoche vier und fünf) über die Anlegung der Geborgenheitsgarnitur der Grundstein für das folgende Leben gelegt wird. Die Kernzeit der Sozialisation schließt sich an die Übergangsphase an und erstreckt sich etwa **bis zur 12. Lebenswoche**. Ab-

Ausgelassener Spaß im Familienverband.

sichtlich herbeigeführte positive Erfahrungen sollten aber dennoch bis weit in das Jugendalter fortgesetzt werden, um einen wirklich stabilen „Erfahrungspuffer" (Referenzmaßstab) zu bilden.

Während der Sozialisationsphase werden die wichtigsten sozialen Spielregeln erlernt und erprobt. Tägliche und intensive Kontakte mit Artgenossen und Menschen (sowie gegebenenfalls mit anderen Tierarten, mit denen der Hund zusammenleben wird) sind hierfür essenziell. Auch das Erleben von Umweltreizen spielt eine große Rolle in der Entwicklung des Welpen. In diesem Alter sind Förderungsmaßnahmen unter gleichzeitiger strikter Vermeidung von Überforderungssituationen für die Entwicklung extrem wichtig. Auch die Stresstoleranz, die Bindungsfähigkeit und die Lernfähigkeit des Hundes können in dieser Zeit entscheidend beeinflusst werden. Um zu einem freundlichen, emotional positiv eingestellten („freien"), sozial gut geschulten und selbstbewussten Hund heranzuwachsen, sind für den Welpen

> **Aha!**
> Die Erlebnisse aus der Sozialisationszeit (inklusive der Geborgenheitsreize) dienen dem Hund später als Vergleichsmaßstab bei der emotionalen Bewertung neuer Situationen.

positive Erlebnisse und auch ein frühes (Gehorsams-)Training ohne Druck erforderlich.

Einflussnahmemöglichkeit: Achten Sie im Zusammenleben mit dem Welpen darauf, dass er seine Umwelt (die belebte und die unbelebte) als etwas rundweg Positives wahrnehmen kann. Negative Erlebnisse in dieser Lebensphase (vor allem verbunden mit Angst und Schmerzen) haben langfristigen Einfluss auf die Verhaltensentwicklung und sind schwer rückgängig zu machen. Dies kommt besonders zum Tragen, wenn dem Welpen in Bezug auf den jeweiligen Reiz ein solider „Positiv-Puffer" (häufige frühere Erlebnisse mit einer ähnlichen Situation) fehlt.

Hinweis

Die hier angesprochene Souveränität bezieht sich vor allem auf die Ruhe, die Sie besonders in Stressmomenten ausstrahlen, aber auch auf die Konsequenz, mit der Sie auf die Einhaltung von Regeln achten. Im Rahmen eines souveränen Vorgehens ist es wichtig, die angestrebten Regeln eher mit Sturheit als mit Druck oder Aggression umzusetzen. Auch durch ein generell planvolles und vorausschauendes Handeln (inkl. Problemvermeidung) können Führungsqualitäten herausgestellt und eine souveräne Grundhaltung unterstrichen werden.

Jugendphase

Die Jugendphase schließt sich der Sozialisationsphase an. In dieser Zeit sind soziale Kontakte und die Möglichkeit, zu spielen, weiterhin für das Wohlbefinden der Tiere wichtig, auch wenn diese Kontakte keinen prägungsähnlichen Charakter mehr haben. Eine Fortsetzung der sozialen Förderung und des Gehorsamstrainings ist nötig, um den noch jungen Hund zu leiten und zu lenken. In die Jugendphase fällt auch der Zahnwechsel der Hunde, der zwischen dem vierten und sechsten Monat stattfindet. Die Jugendphase dauert **bis zum Eintritt der Geschlechtsreife** (siehe Seite 29).

Einflussnahmemöglichkeit: In der Jugendphase gewinnt der Aspekt der Führung immer mehr an Bedeutung. Je souveräner Ihr Auftreten hierbei ist, umso leichter können Sie ihren Hund für Ihre Pläne begeistern (siehe Seite 42).

Erwachsenenalter

Ähnlich wie beim Menschen gibt es auch bei Hunden unterschiedliche Aspekte des Erwachsenseins. Die soziale Reife beispielsweise erreichen Hunde nicht gleichzeitig mit dem Eintritt der Geschlechtsreife, sondern erst wesentlich später. Auch hier sind die Steuerungsgrößen wieder die Rasseveranlagung und in gewissem Maße auch das soziale Umfeld. Pauschal betrachtet erreichen kleinere Rassen schon mit 1,5 Jahren und große Rassen erst mit ca. drei Jahren ihre soziale Reife.

Beim erwachsenen Hund macht sich all das bezahlt, was dem Hund bis dahin vermittelt wurde. Je nach Alter kann er nun auf einen mehr oder weniger großen Erfahrungsschatz zurückgreifen und Situationen anhand seiner Lebenserfahrung einschätzen.

Einflussnahmemöglichkeit: Ein sicherer Platz in einem Gruppenverband, inklusive täglich mehrstündigem intensiven Kontakt zu den gleichen menschlichen Sozialpartnern oder Artgenossen, regelmäßige Gesundheitspflege sowie ebenfalls täglich körperliche und geistige Beschäftigung sind für die artgerechte Haltung und Unterbringung eines Hundes erforderlich.

Im öffentlichen Bereich besteht die Pflicht des Hundehalters darin, sein Tier vorausschauend zu führen. Mit einem wohlerzogenen Hund, der zumindest die Grundkommandos (siehe Trainingsbeschreibungen ab Seite 90 ff.) beherrscht, kommt man als Tierhalter leichter durchs (öffentliche) Leben. Für den Hund selbst jedoch sind fortgesetzte Übungen ebenfalls ein Pluspunkt. Zum einen bleibt er durch regelmäßiges Üben stets im „Trainingsfluss" und zum anderen dienen die Übungen auch seiner geistigen Fitness. Gerade diesem Punkt sollte bis ins hohe Alter Rechnung getragen werden!

Altern

Im Durchschnitt kann man bei Hunden ab einem Alter von ungefähr sieben Jahren Alterungsvorgänge beobachten. Da die Rassevielfalt so enorm ist, sind auch die Unterschiede in Bezug auf das Altern besonders groß. Pauschal kann man sagen, dass kleinere Rassen im Durchschnitt älter werden und später altern als große Rassen. Ähnlich wie bei uns Menschen handelt es sich aber um einen individuellen Prozess. Einige Hunde altern demnach früher, andere später, diese langsam und jene schlagartig. Auch im Verhalten sind mit zunehmendem Alter des Hundes Veränderungen zu beobachten, die denen der Menschen ähnlich sein können. Dies gilt auch für das Nachlassen von Sinnesleistungen (vor allem Seh- und Hörsinn).

Einflussnahmemöglichkeit: Mit zunehmendem Alter werden regelmäßige Gesundheits-Checks immer wichtiger. Mögliche Krankheiten können auf diese Weise frühzeitig entdeckt und behandelt werden.

Die Geborgenheitsgarnitur

Während der 3., 4. und 5. Lebenswoche nimmt der Hund seine Umwelt angstfrei wahr, denn das Gehirn ist für das Gefühl „Angst" noch nicht reif. In dieser Zeit steht der Welpe unter dem steuernden Haupteinfluss des parasympathischen Nervensystems (Entspannung, Wohlbefinden, Ruhe, Assimilationsprozesse). In dieser Zeit wird das emotionale und kognitive Bewusstsein für die Umwelt geschaffen. Alle Reize, die der Welpe in dieser

> **Hinweis**
>
> Hunde sind ein Leben lang lernfähig. Wie schnell sie jedoch mit neuen Lerninhalten vertraut gemacht werden können, hängt neben ihrer Vorerfahrung auch von der Methode und der Motivationslage ab. Mit einem gut durchdachten Trainingsansatz, der auf lerntheoretischen Grundsätzen beruht, und unter Vermeidung von Druck und falschem Ehrgeiz können die schnellsten Trainingserfolge hergestellt werden.

Eckdaten	Relevante Zeit in der Entwicklung/Maßnahme
Genetischer Einfluss	Vorgeburtlich, Festlegung der Verpaarung
Zeitpunkt der Geburt	Nun wirken auch äußere Einflüsse direkt auf den Welpen ein.
Geruchssinn	Ab Geburt bereits entwickelt, volle Entfaltung mit ca. 4. Lebensmonat (LM)
Geschmackssinn	Ab Geburt entwickelt
Schmerzempfinden	Ab Geburt voll entwickelt
Wärme-/Kälteempfinden	Ab Geburt bereits entwickelt, in den ersten Lebenswochen (LW) keine vollständige eigene Thermoregulation möglich
Entwicklung der Stresstoleranz	Besonders wichtig: Tag 0–14
Entwicklung der Frusttoleranz	Besonders wichtig: Geburt bis 5. LW
Entwöhnung von der Muttermilch	Ab 3. LW beginnend
Sinneskanal Augen	Öffnung der Augen ca. 2. LW
Sinneskanal Ohren	Volle Entwicklung ca. 2. LW
Entwicklung der Geborgenheitsgarnitur	Lebenswoche 3–5
Sozialisation in Bezug auf Artgenossen	Besonders wichtig im Gruppenverband: Geburt bis 5./6. LW, an fremde Artgenossen bis 12. LW, aber auch danach sollte die Förderung nicht unterbrochen werden
Sozialisation in Bezug auf Menschen	Besonders wichtig: Geburt bis ca. 12. LW, täglicher und liebevoller Kontakt ist essenziell, auch danach sollte die Förderung nicht unterbrochen werden
Sozialisation in Bezug auf fremde Tierarten	Besonders wichtig: Geburt bis 12./16. LW, auch danach sollte eine fortgesetzte Förderung bestehen
Zahnwechsel	Ab viertem Lebensmonat beginnend, Abschluss mit ca. 6 Monaten
Beißhemmungslernen	Bis ca. 5./6. LM
Wichtigkeit der Rangstrukturen	Zunehmend ab 4. LM
Entwicklung der Geschlechtsreife	Rüden: ca. 4.–10. Monat Hündinnen: ca. 7.–11. Monat
Einsetzen von Alterungsprozessen	Große Rassen: ca. ab 6–8 Jahren Kleine Rassen: ca. ab 10–12 Jahren

Zeit kennenlernt, können zu **Geborgenheitsreizen** werden, da sie in einem annähernd angstfreien Zustand kennengelernt wurden.

Soziale Reize (Anwesenheit und Interaktion mit Lebewesen) sowie stets **konstante Reize** (gleichförmiges Umgebungsmuster) werden besonders leicht zu wertvollen Geborgenheitsreizen. Die Gesamtheit aller nicht angstverknüpfter oder – noch besser ausgedrückt – emotional stabilisierender Reize wird als Geborgenheitsgarnitur bezeichnet. Man kann sie sich wie eine Schublade vorstellen, in die die entsprechenden Informationen (Bilder, Gerüche, Erlebnisse, Kontakte mit Menschen oder anderen Tieren usw.) gelegt werden. Immer wenn der Hund nach Abschluss der 5. Lebenswoche mit einer neuen Situation konfrontiert wird, kommt es zu einem emotionalen Abgleich. Man kann sagen, er wühlt in seiner Erinnerungsschublade, in der die Geborgenheitsreize liegen, und prüft, ob dort Informationen, die denen der momentanen Situation entsprechen, zu finden sind. Findet der Hund diese Informationen, führt das zu einem Sicherheitsgefühl, denn diesen Reiz hat er bereits angstfrei kennengelernt. Kann der Hund hingegen in seiner Vergleichsschublade keine gleichartigen Informationen finden, löst der neue und ihm noch unbekannte Reiz zunächst Unsicherheit und Angst aus.

Je umfangreicher die Geborgenheitsgarnitur (also je voller die Schublade mit unterschiedlichen Informationen) ist, desto eher kann der Hund in neuen Situationen einen Reiz finden, der ihm als Geborgenheitsreiz dient

und das Gefühl von Sicherheit gibt. Auch ähnliche Informationen können als Geborgenheitsreiz herhalten und Angst mildern, wenn kein exakt gleiches „Bild" zu finden ist. Inkonstante Reize (z. B. Geräusche, Bewegungen) oder selten erlebte Reize (plötzliche Veränderungen der Umwelt) können nur schwer als Geborgenheitsreiz klassifiziert werden. Wenn man möchte, dass der Hund auch unter diesen Reizlagen später entspannt und fröhlich reagiert, ist eine besonders häufige (tägliche) und in einen positiven Kontext eingebundene Präsentation dieser Reize erforderlich.

Die Beißhemmung

Die Beißhemmung ist **keine angeborene Eigenschaft**. Sie wird bis etwa zur 18. Lebenswoche durch ein Aktions-Reaktions-Muster erlernt. Dieses sieht wie folgt aus: Ein Welpe beißt im Spiel einen anderen Hund, der vor Schreck und Schmerzen aufschreit. Beim ersten Mal bedeutet dieser Schrei für den spielerischen Angreifer zunächst noch nichts, er hört vermutlich nicht auf zu beißen. Der andere allerdings spielt so nicht weiter. Entweder dreht er sich um und verteidigt sich seinerseits mit einem Biss oder er lässt den Welpen einfach stehen. Durch diese Erfahrung lernt der Welpe die Bedeutung seines eigenen Bisses, den Grund des Aufschreies und auch die Stärke der Gegenwehr bzw. Reaktion einzuschätzen: Er erfährt, dass sie von der Stärke seines Angriffs abhängt. Um das Ziel „Spielen" zu erreichen und/oder aufrechtzuerhalten,

muss jeder Hund im Kontakt mit Artgenossen sein **Verhalten anpassen**. Diese wichtige Lernerfahrung bildet die Grundlage der Beißhemmung.

Um eine bestmögliche Beißhemmung mit Artgenossen erlernen zu können, muss ein Hund bereits als Welpe und später auch als Junghund Spielgelegenheiten mit möglichst vielen unterschiedlichen Hunden haben. Nur so kann er unterschiedliche Spieltypen und Körpersprachenausdrücke kennen- und einschätzen lernen. Die Spielpartner sollten ihrerseits über ein gutes Sozialverhalten (erwachsene Hunde speziell über eine gute Beißhemmung) verfügen, damit auch diese Erlebnisse für den noch jungen Hund positiv sind. Aber auch in Bezug auf Menschen sollte der Hund eine möglichst gute Beißhemmung und auch andere allgemeine **Höflichkeitsregeln** (z. B. das Nicht-Anspringen) lernen.

So kann eine **Übung zur Schulung der Beißhemmung** und Höflichkeit aussehen: Schreien Sie kurz schrill und theatralisch auf, sobald der Hund

Hinweis

Hunde setzen Ihre Zähne auch im Spiel nicht unbedarft ein. Wenn Ihr Hund bei der Vergabe von Futter bzw. Leckerchen oder im Spiel schnappig ist, lohnt es sich, ihn aus Gründen der Höflichkeitsschulung konsequent abblitzen zu lassen, denn bei Zugeständnissen bzw. Reaktionen gleich welcher Art unterstützen Sie dieses Verhalten.

Hinweis

Entgegen der landläufigen Meinung, Welpen hätten einen sogenannten „Welpenschutz", liegen die Dinge in Wirklichkeit anders. Kein erwachsener Hund hat die „Pflicht", einen fremden Welpen (und somit fremdes Erbgut) zu schützen. Einen Welpen zu beißen oder gar zu töten, ist unter Hunden allerdings trotzdem eine seltene Ausnahme, denn Welpen haben im Allgemeinen die Tendenz, sich erwachsenen Hunden gegenüber eher unterwürfig zu zeigen und sich somit selbst zu schützen.

im Spiel beginnt, zu ruppig oder gar schnappig zu werden, und brechen Sie das Spiel dann kommentarlos ab. Ignorieren Sie den Hund während dieser Zeit oder entziehen Sie sich ihm räumlich, wenn er seine Spielattacken fortsetzt. Gegebenenfalls ist es in dieser Übung erforderlich, den Hund an einem festen Gegenstand anzuleinen, um sich sorgenfrei in seinem Sichtfeld, aber außerhalb seines Aktionsradius aufzuhalten. Warten Sie, bis Ihr Hund sich wieder ruhig und gesittet benimmt. Laden Sie ihn erst dann in eine zweite Spielrunde ein. Auf diese Weise lernt er schnell, dass er nur dann mit seinen Menschen spielen kann und nur dann die erwünschte Zuneigung erfährt, wenn er seine Zähne und Kraft unter Kontrolle hält.

Welpenspielgruppen

Heutzutage ist es „üblich", mit dem Welpen in eine Welpenspielgruppe zu gehen, damit er dort die Feinheiten der Hundesprache und soziale Regeln im Umgang mit Artgenossen lernen

Im Spiel wird die Beißhemmung erlernt.

sicheren Umgang zu beherrschen. Dies gilt im Speziellen, wenn sie mit den Reizen noch nicht im Detail vertraut sind.

Da die Welpenzeit eine Zeit erhöhten Infektionsrisikos ist (das Immunsystem ist noch nicht voll ausgereift), sollte bei der Anmeldung streng auf die Impfdaten und die Krankheitsprophylaxe geachtet werden. Die beste, wenn auch nicht vollauf befriedigende Lösung im Hinblick auf eine normale Verhaltensentwicklung bei gleichzeitig bestmöglichem Schutz vor Infektionskrankheiten ist folgende: Lassen Sie den Welpen früh und regelmäßig impfen und achten Sie darauf, ihn nicht aus Sorge vor Infektionen zu isolieren. Kein anderer Baustein der Entwicklung ist so wichtig wie eine gute Sozialisation. Hierzu sind häufige Kontakte mit anderen gesunden, ebenfalls geimpften und freundlichen Hunden unumgänglich!

kann. Dies ist eine sehr gute Entwicklung, denn Hunde brauchen eine Vielzahl von Lernerfahrungen, um einen

Auf was sollten Sie bei der Auswahl einer Welpenspielgruppe achten?

- Suchen Sie sich eine Hundeschule, die alterskonforme kleine Gruppen (etwa sechs Hunde bis max. 16 Lebenswochen) zusammenstellt, in der unterschiedliche Rassen zugelassen werden und die von einem fachkompetenten Trainer geleitet wird.
- Ein zu häufiges Eingreifen und das Verhindern oder ständige Unterbrechen von Spielkontakten, die auch mal etwas wilder zugehen können, ist ebenso wenig sinnvoll wie ein bloßes wohlwollendes Zuschauen.
- Ideal ist also eine Gruppe, in der die Welpen unter dauernder Beobachtung durch einen erfahrenen Hundetrainer stehen und dieser im Einzelfall lenkend eingreift.
- Als Tierhalter sollten Ihnen im Rahmen eines Welpenkurses auch fachgerechte Anleitungen in Erziehungsfragen geboten und die neuesten Erkenntnisse in punkto Haltung und Verhalten vermittelt werden.
- Außerdem sollten den Welpen in mannigfaltiger Form Umwelteindrücke vermittelt bzw. sie schrittweise an neue Herausforderungen herangeführt werden, und es sollte ein intensives und auf Belohnung basierendes Höflichkeitstraining mit ihnen durchgeführt werden.

Kommunikation

Hunde sind soziale Lebewesen, die in fein abgestufter Art und Weise mit ihresgleichen, aber auch mit fremden Tierarten und dem Menschen kommunizieren können. Die Fähigkeit zur sozialen Kommunikation ist ihnen aber nicht allumfassend in die Wiege gelegt worden. Wichtige Regeln werden in den ersten Lebenswochen im Umgang mit anderen Lebewesen erlernt. Für eine umfassende Schulung von **Mimik** und **Gestik** sind ausgedehnte Kontakte mit Sozialpartnern erforderlich.

Durch **gute Lehrmeister** (Artgenossen und Menschen), die sich durch Freundlichkeit, Souveränität und Konsequenz auszeichnen, findet in der Kommunikation darüber hinaus auch noch eine Anleitung für ein **höfliches Miteinander** statt. Leider gilt dies natürlich auch umgekehrt, sodass es sinnvoll ist, ein Auge auf die Kontakte des Hundes zu haben, damit er sich möglichst keine schlechten Angewohnheiten aneignen oder diese ausbauen kann.

Auch viele erwachsene Hunde toben gern mit Artgenossen.

Betrachtung des Normalverhaltens

Addiert man zu den FCI-anerkannten auch die nichtanerkannten hinzu, kommt man auf über 400 Rassen, die sich nicht nur im äußeren Erscheinungsbild, sondern auch in ihrem Verhalten unterscheiden. Wegen dieser Uneinheitlichkeit und Vielfalt lässt sich kein verlässlicher Vergleichsmaßstab für „normales Hundeverhalten" festlegen. Will man ergründen, was normal ist und was in den Bereich Problemverhalten fällt oder sogar als Verhaltensstörung bezeichnet werden muss, dann sollte man immer einen Blick auf das rassetypische Verhalten des Hundes werfen (siehe Tabelle Seite 10 ff.). Bedingt durch ihre Veranlagungen neigen einige Rassen mehr als andere dazu, ein ganz bestimmtes (Problem-)Verhalten zu entwickeln. Aus dieser Tatsache ergibt sich die im Prinzip sicherste Prophylaxe: Wählen Sie Ihren Hund anhand der Kriterien aus, die Sie als wünschenswert erachten, und lenken Sie Ihren Hund später auch erzieherisch in die gewünschte Richtung.

Aus der Tatsache, dass Hunde schon vor weit mehr als 12 000 Jahren domestiziert wurden (siehe Seite 8),

Tipp

Durch die gewissenhafte Auswahl der Rasse mit all ihren Verhaltensmerkmalen und unter Berücksichtigung der Zuchtgeschichte kann man bei Rassehunden schon vor dem Kauf abschätzen, mit welchen Veranlagungen man später zu rechnen hat.

ergibt sich außerdem, dass das Verhalten des Wolfes heute nicht mehr als allgemeingültiges Referenzsystem für „normales" Hundeverhalten herhalten kann. Die Lebensumstände und somit auch die Wichtigkeit bestimmter Fertigkeiten eines Wolfes und eines Hundes liegen weit auseinander. Um den Hund im täglichen Zusammenleben sicher einschätzen zu können, sind gute Kenntnisse der Körpersprache wichtig.

Hinweis

Bei der Beurteilung, ob ein Verhalten als „Normalverhalten" bezeichnet werden kann, gilt es speziell die Rasseveranlagung, das Alter der Tieres, das Geschlecht und alle Faktoren der (Problem-)Situation zu berücksichtigen (siehe Seite 69).

Ausdrucksverhalten

Hunde kommunizieren über Mimik und Gestik, Gerüche, Berührungen und Laute. Körpersprachedetails (Mimik und Gestik) spielen in der „Sprache" des Hundes die wichtigste Rolle. Um einen Hund „lesen" und somit verstehen zu können, ist es wichtig, dass man vor allem die Körpersprache des Hundes erkennen und richtig deuten kann.

Unter dem Begriff **Mimik** versteht man den Ausdruck des Gesichts, also beispielsweise Lefzen hochziehen oder Ohren aufstellen, während als **Gestik** der gesamte Körperausdruck (beispielsweise die Kopf-, Körper- oder Rutenhaltung und -bewegung) bezeichnet wird.

Bei der Beurteilung von Hundeverhalten ist es wichtig, nicht nur ein Einzelsignal zu betrachten, denn das kann leicht in die Irre führen. Sei es, weil es in verschiedenen Kontexten in der Hundesprache unterschiedliche Aussagen haben kann oder weil es rassebedingt vielleicht „normal" ist. Hierzu zwei Beispiele: Ein Hund kann die Ohren anlegen, weil er große Angst hat oder er kann dies ihm Rahmen einer freundlichen Annäherung (aktive Demut) tun. Ein Hund, der die Rute hoch über dem Rücken trägt, kann Imponierverhalten zeigen oder es kann sich um ein zuchtbedingtes Erscheinungsbild dieser Hunderasse handeln.

Wird dieser Aspekt nicht genügend berücksichtigt, führt dies leicht zu Fehlinterpretationen. Das bekannteste Beispiel einer pauschalen Fehlinterpretation von Hundegesten ist das Wedeln. In der Öffentlichkeit wird es häufig mit „Freude" gleichgesetzt. Leider ist dies fachlich nicht korrekt, denn für den Hund gibt es viele unterschiedliche Beweggründe zu wedeln – mit unterschiedlichen „Sprachinhalten": Ganz allgemein bedeutet Wedeln „Aufregung" – diese kann zwar freudiger Art sein, aber ein Hund kann auch vor einem Streit oder aus Unsicherheit wedeln!

Auch in anderen Momenten kann es leicht zu Fehlinterpretationen kommen, etwa wenn sich in die Beurteilung der Verhaltensweisen Moralvorstellungen mischen. Ein Beispiel wäre der „schuldbewusste" Hund, dessen Körpersprache in Wirklichkeit keinesfalls Reue, sondern Angst ausdrückt.

Auf folgende **Details des optischen Ausdrucksverhaltens** von Hunden ist speziell zu achten:

- Wohin richtet der Hund seinen Blick?
- Wie ist die Ohrstellung?
- Ist der Nasenrücken gekräuselt?
- Werden die Lefzen hochgezogen?
- Wie viele Zähne und wie viel Zahnfleisch kann man sehen?
- Ist der Maulwinkel eng und rund oder spitz und weit nach hinten gezogen?
- Wie ist die Gesamtkörperhaltung?
- Ist die Muskulatur weich und locker oder starr und steif?
- Macht sich der Hund groß oder ist er in den Gelenken eingeknickt, sodass er kleiner erscheint?
- Wie wird der Kopf und wie wird die Rute getragen?
- Findet Bewegung statt?
- In welche Richtung sind die Bewegungen orientiert?
- Wie schnell werden die Bewegungen ausgeführt?

Angst

Angstverhalten ist auch bei Hunden eine normale Reaktion auf verschiedene Reize, mit denen sie im täglichen Leben konfrontiert werden können. Die Sensibilität, mit der ein Hund ängstlich reagiert, ist sehr unterschiedlich. Sie wird weitgehend durch den Grad der Sozialisation, aber auch durch andere frühere Erfahrungen und die genetische Veranlagung bestimmt.

Angst geht immer mit **Symptomen von Stress** einher. Diese machen sich körperlich etwa durch eine gesteigerte Herzschlag- und Atemfrequenz,

Körpersprache des Hundes
Die Körpersprache des Hundes
ist situationsgebunden.

Die Übergänge sind fließend.

neutrale Körperhaltung

aufmerksam

Spielposition

Spielposition

freundlich-unsicher

unsicher/ängstlich

Demutsgeste

Unsicherheit/Angst

unsicheres Drohen,
bereit zur Flucht

unsicheres Drohen,
bereit zur Flucht oder
zum Angriff

unsicheres Drohen, bereit
zum Angriff

selbstsicheres
Drohen

selbstsicheres Drohen,
bereit zum Angriff

Durchfall, unkontrollierten Harn- und Kotabsatz, Speicheln, Erbrechen, geweitete Pupillen u. a. bemerkbar.

Die **Verhaltensweisen**, die ein Hund in Angstsituationen zeigt, reichen von Gesten der Unsicherheit und Unterwürfigkeit (z. B. sich klein machen, die Rute einziehen, sich auf den Rücken drehen, eine Pfote anheben, die Ohren anlegen), bis hin zu Aggression. Letzteres wird umso wahrscheinlicher, wenn er nicht ausweichen kann und weiterhin bedroht wird.

Angst ist ein sehr negatives Gefühl, das dem Körper auch als Warnung und somit als Schutz vor Widrigkeiten dient. Die Natur hat es aus diesem Grund so eingerichtet, dass Angsterlebnisse schnell und intensiv abgespeichert werden. Alles, was ein Hund unter einem gesteigerten Erregungsniveau und mit dem Gefühl von Angst oder Unsicherheit kennenlernt, kann später selbst ein Angstauslöser sein. Angsterlebnisse werden sehr schnell generalisiert. Das bedeutet, dass der Hund seine Angst vor bestimmten Details der Situation verallgemeinert. Er kann sie leicht auf ähnliche Dinge, Lebewesen oder Situationen übertragen, sodass diese bald eigenständig Angst bei ihm auslösen, selbst wenn er sie früher noch stressfrei ertragen und mit diesen konkreten Details nie eigenständig schlechte Erfahrungen gemacht hat.

Ängstlichkeit geht u. a. mit folgenden Reaktionen/Verhaltensweisen einher:
- sich klein machen
- Ohren anlegen
- ausweichender Blick
- ggf. unsichere Drohung (Maulwin-

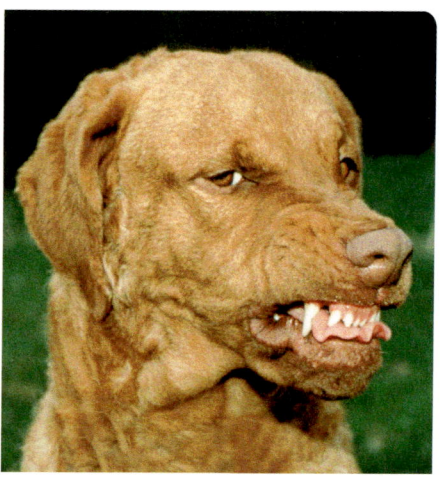

Drohverhalten mit einem hohen Maß an Unsicherheit.

> **Hinweis**
>
> Einen Hund billigend Angst erleben zu lassen, stellt einen Verstoß gegen das Tierschutzrecht dar, da der Zustand von Angst mit vermeidbarem Leid und ggf. mit weiteren (körperlichen) Schäden einhergeht. Angst ist somit grundsätzlich ein therapiewürdiger Zustand. Für eine fachgerechte Therapie sind im Vorfeld eine gründliche klinische Untersuchung und dann ein detaillierter, kleinschrittiger und auf einem Belohnungsprinzip basierender (bzw. straf- und druckfreier) Therapieansatz erforderlich. Ein auf Verhaltenstherapie spezialisierter Tierarzt ist hier der richtige Ansprechpartner. Alternativ kann ein Therapieplan auch durch eine zweigleisige Betreuung umgesetzt werden – eine enge Zusammenarbeit zwischen dem betreuenden Haustierarzt und einem Hundetrainer mit speziellen Kenntnissen im Bereich Lerntheorie und Verhaltenstraining vorausgesetzt.

kel spitz und weit zurückgezogen, viel Zahn und Zahnfleisch sichtbar)
- Flucht- und Meideverhalten
- aufgestellte Haare auf der gesamten Rückenlinie
- weite Pupillen
- erhöhte Herzschlagrate
- erhöhte Atemfrequenz
- Zittern

Aggression

Aggressionsverhalten ist Teil des Normalverhaltens eines Hundes. Es gibt verschiedene Auslöser, die zu unterschiedlichen Formen aggressiven Verhaltens führen können. Die meisten Fälle von Aggression sind als **Antwort auf spezifische Umweltreize** zu sehen. In diesen Fällen stellen sie keine Verhaltensabnormität dar – stehen aber einem reibungslosen Zusammenleben von Mensch und Hund entgegen und sind deshalb therapiebedürftig.

Die **Sorge „etwas zu verlieren"** (Emotion: Angst/Unsicherheit) ist einer der häufigsten Gründe, aggressiv zu reagieren. Hierbei ist der Verlust des Wohlbefindens (Ursache: Krankheiten, Schmerzen, körperliches Unwohlsein) genauso gemeint, wie der Verlust eines Objektes (ressourcenbezogene Aggression).

Wut und **Frustration** sind weitere Emotionen, die aggressives Verhalten auslösen können. Souveränität, Ausgeglichenheit und körperliches Wohlbefinden hingegen sind die Gegenpole, die es anzustreben gilt, wenn man der Tendenz zu aggressiven Verhaltensweisen entgegenwirken will (siehe Seiten 62, 66).

Aggressives Verhalten kann in offensiver oder defensiver Form und jeweils gehemmt oder ungehemmt gezeigt werden. Zu den offensiven Ausdrucksweisen zählen Handlungen wie den Gegner mit dem Blick zu fixieren, offensives Drohen, sich ihm anzunähern, zu bedrängen oder anzugreifen. Zur defensiven Aggression zählen Verhaltensweisen wie unsicheres Drohen oder Abwehrschnappen. Der Hund richtet seinen Blick hierbei nicht starr auf den Gegner und nähert sich ihm seinerseits nicht aktiv an, ist aber verteidigungsbereit.

Aggression (hier: offensives Verhalten) geht u. a. mit folgenden Reaktionen/Verhaltensweisen einher:
- sich groß machen/Imponieren
- Ohren nach vorne gerichtet
- zielgerichteter Blick
- ggf. sichere Drohung (Maulwinkel rund und eng, es ist wenig vom Zahn oder Zahnfleisch sichtbar)
- ggf. aktive Annäherung, Angriff
- aufgestellte Haare über dem Widerrist
- weite Pupillen
- erhöhte Herzschlagrate

In der Affektsteuerung spielen **Aha!** Stresshormone eine zentrale Rolle. Eine hohe Stressbelastung führt beim Hund vor allem in Unkenntnis erlernter Coping-Strategien („to cope with" – engl., mit etwas umgehen können) zu einer hohen Wahrscheinlichkeit, Flucht- oder Angriffsverhalten zu zeigen. Die Wahl zwischen diesen beiden Optionen wird ebenfalls durch die Vorerfahrungen, aber auch durch die erkennbaren Chancen in der Situation beeinflusst.

Soziale Spielregeln

Soziale Spielregeln ihrer eigenen Art lernen Hunde im **Hund-Hund-Kontakt**. Häufige Kontakte mit guten Lehrmeistern (souveräne Hunde, die über ein abgestuftes Drohverhalten und eine gute Beißhemmung verfügen, siehe Seite 30) sind hierfür notwendig. In aller Regel finden derartige Kontakte auf dem Spaziergang statt. Als Halter eines Welpen oder noch jungen Junghundes sollte man darauf achten, dem eigenen Hund derartige positive Kontakte zu ermöglichen.

Zur Prophylaxe von Problemverhaltensweisen ist es auf der anderen Seite aber auch wichtig, den Hund vor negativen Einflüssen zu bewahren. Hierzu zählt beispielsweise auch, ihm den Kontakt mit aggressiven Artgenossen zu verweigern und Kontakte, in denen es zum Mobbing kommt, frühzeitig abzubrechen.

Im **Zusammenleben mit Menschen** müssen Hunde neben den sozialen Spielregeln in ihrer eigenen Art aber auch einiges über Menschen lernen. Sie lernen „menschlich" – wie wir eine Fremdsprache. Genau wie bestimmte gleiche Worte in unterschiedlichen Sprachen unterschiedliche Bedeutungen haben können (Beispiel „gift" – englisch für „Geschenk" und „Gift" im Deutschen), so können ähnliche Gesten in der menschlichen Sprache und in der arteigenen Kommunikation von Hunden auch unterschiedliche Bedeutungen haben. Ein typisches Beispiel in diesem Zusammenhang wäre das Streicheln über den Kopf oder generell Berührungen von oben. Von Menschenseite her gesehen handelt es sich hier-

Aha!

Übung macht den Meister! Dies gilt auch in Bezug auf die Schulung des Sozialverhaltens. Ermöglichen Sie Ihrem Hund friedliche Kontakte mit Artgenossen und vermeiden Sie Kontakte mit unhöflichen Streithammeln. Als „Rudelchef" ist es Ihre Aufgabe Situationen zu steuern. Und zwar gleichermaßen, um Ihren Hund vor Schaden zu bewahren, aber auch um Schäden zu vermeiden, die Ihr Hund verursachen kann. Der Spruch: „Das müssen die Hunde untereinander klären" ist – abgesehen vom mehr als zweifelhaften fachlichen Wert und Wahrheitsgehalt – in diesem Sinne auch nicht mit der Gefahrenprophylaxe, die die moderne Rechtsprechung in Deutschland vorgibt, zu vereinbaren.

bei meist um liebevolle Zuwendung, aus Hundesicht gesehen sind jedoch Berührungen von oben eine Drohgeste! Über ein spezielles Training kann dem Hund aber durchaus eine neue (menschliche) Bedeutung von derartigen Gesten beigebracht werden. Derartige Lerninhalte gezielt umzusetzen ist sinnvoll, um Kommunikationsmissverständnissen dieser Art vorzubeugen (siehe Seiten 68, 80).

Neben allgemeinen „Sprachinhalten" ist aber auch die generelle Schulung eines **höflichen Umgangs mit Menschen** wichtig. Dies gilt natürlich auch im privaten, aber ganz speziell im öffentlichen Bereich. Hierzu zählt, dass Hunde ihre Zähne in aller Regel nicht gegen Menschen einsetzen, nicht an ihnen hochspringen oder sie körperlich bedrängen oder verbellen sol-

Rücksichtsvolles Führen des Hundes in der Öffentlichkeit.

len. All dies kann ein Hund lernen! Je früher er in ein modernes und über positive Trainingstechniken ausgerichtetes Training eingebunden wird, desto leichter und schneller wird er die dort vermittelten Regeln (soziale Regeln und Gehorsamsübungen) beherrschen. Die Grundbedingung hierfür ist ein gutes Vertrauensverhältnis zum Besitzer.

Der Hund muss nämlich zunächst lernen, dass Lernen Spaß macht und dass es für ihn vorteilhaft ist, sich auf die menschliche Führung einzulassen. Besonders leicht gelingt dies, wenn der Hund sozial in die Gruppe eingebunden ist und dort auch in alltäglichen Situationen Führung vorgegeben bekommt, und er nicht wie ein Sportwerkzeug nur zum Training „hervorgekramt" oder wie ein Roboter angeschaltet und aktiviert wird.

Mobbing

Beim Mobbing wird ein „Opfer" von einem oder mehreren anderen Hunden schikaniert. Auch wenn hierbei in aller Regel keine körperlichen Verletzungen verursacht werden, stellt die Situation ein erstzunehmendes Prob-

lem dar. Der unterlegene Hund hat Angst und versucht meist zu fliehen. Oft wird er hierbei weiter verfolgt und gepiesackt, sobald er irgendwo stoppt. Aus der Defensive heraus wird dann vom unterlegenen Hund häufig aggressives Verhalten gezeigt, was nicht selten als „Zickigkeit" interpretiert und auf Menschenseite gerne lachend auf die leichte Schulter genommen wird.

Das Problem ist aber keinesfalls auf den ängstlichen Hund beschränkt. Die Hunde, die die Aggressorrolle einnehmen, schulen sich in unhöflich und aggressiv gefärbtem Verhalten. Und auch hier führt häufiges Üben zu immer besserer „Leistung"!

Jeder Hundehalter sollte in der Lage sein, das Verhalten seines Hundes richtig zu deuten. Mobbing kann im Vorfeld sehr effektiv durch Managementmaßnahmen verhindert werden, sodass auf beiden Seiten (Opfer und Aggressor) keine ungünstigen Lernerfahrungen entstehen.

Unterscheidung Spiel und Mobbing:
- Im Spiel werden Mimik und Gestik in übertriebener Form gezeigt. Es besteht ein hoher Bewegungsluxus. Die Bewegungen sind in der Tendenz weich und fließend.
- Beim Mobbing herrscht auf beiden Seiten eine deutlich höhere Anspannung. Die Bewegungen wirken steifer.
- Rollenwechsel charakterisieren einen Spielkontakt. Das bedeutet: Der Gejagte ist nach einem kleinen Szenenwechsel selbst der Jäger und umgekehrt.
- In einem Spiel initiiert auch der

Hinweis
Entzerren Sie die Situation, wenn Sie beobachten, dass im Hund-Hund-Kontakt gemobbt wird, indem Sie ihren Hund abrufen oder abholen und sich dann von den anderen Tieren entfernen. Handeln Sie hierbei möglichst zielstrebig, aber ruhig und souverän, um keine zusätzliche Erregungslage zu schüren. Hilfreich ist es, den Hund direkt im Anschluss an eine solche Szene intensiv zu konzentrieren, um ihn wieder auf andere Gedanken zu bringen.

scheinbar unterlegene Hund mit lockerem Ausdrucksverhalten einen erneuten Kontakt.
- Beim Mobbing meidet der ängstliche/unterlegene Hund weitere Kontakte. In vielen Fällen versucht er sogar schon im Vorfeld, sich dem Kontakt zu entziehen und auszuweichen.

Die Rangordnung

Hunde sind von ihrer Art her darauf ausgerichtet, in einer sozialen Gruppe zu leben. Es sind Rudeltiere, die enge Bindungen mit ihren Gruppenmitgliedern eingehen.

Um innerhalb einer sozialen Gruppe möglichst konfliktfrei leben zu können, gibt es bei vielen Tierarten soziale Regeln und eine soziale Hierarchie. Dies ist auch beim Hund der Fall.

In Bezug auf die sozialen Regeln (die von Gruppe zu Gruppe unterschiedlich sein können, je nachdem, was in einem Haushalt erlaubt ist und was nicht) gilt es vor allem, Konse-

> **Hinweis**
>
> Wenn ein Spiel mit einer hohen Erregungslage einhergeht, kann es schnell in Richtung Mobbing kippen oder in einen echten Streit übergehen. Zur Verhaltensschulung ist es daher sinnvoll, die Hunde in diesem Fall als Prophylaxemaßnahme schon zeitig aus dem Spiel abzurufen und eine Pause zur Abkühlung einlegen zu lassen (auch hier beispielsweise indem das Tier auf eine andere Aufgabe konzentriert wird).

quenz walten zu lassen, denn bei inkonsequentem Vorgehen kann der Hund den Inhalt der „Spielregeln" nicht nachvollziehen und sich demnach nicht daran halten. Stressreiche Konflikte wären in diesem Fall vorprogrammiert.

Das wichtigste Rangprivileg für Hunde ist der **Erhalt von Aufmerksamkeit**. Im Rahmen einer Rangeinweisung ist das die Stellschraube, an der man drehen kann, um eine „hundelogische" Rangeinweisung durchzuführen, die ohne körperlichen Zwang umgesetzt wird.

Um die Rangverhältnisse zu klären, ist es entgegen althergebrachter Meinungen nicht erforderlich, Hand anzulegen oder anderweitig aktiv auf den Hund einzuwirken, sondern nur die dem Hund wichtig erscheinenden **Ressourcen zu kontrollieren**. Dies bezieht sich vor allem auf die überlebenswichtigen Dinge (wie soziale Zuwendung oder Futtergabe) und auf Dinge des Wohlbefindens (etwa Spielzeug oder Liegeplätze). Ranghoch ist hierbei derjenige, der es schafft, die

wichtigen Dinge (Ressourcen) für sich in Anspruch zu nehmen bzw. zu behalten oder andere dazu zu bringen, ihm diese Dinge zu überlassen.

Als (erwachsener) Mensch ist es leicht, alle aus Hundesicht wertvollen Ressourcen zu kontrollieren (Maß an Aufmerksamkeit, Futter, ggf. spielerische Interaktionen, Liegeplätze, Zugang zu anderem Material bzw. Orten, Freizeit etc.). Dem Hund zu vermitteln, dass man ranghoch ist und alle Fäden sicher in der Hand hält, ist somit ein Kinderspiel.

Eine strenge Führung vorgegeben zu bekommen, ist für den Hund übrigens keine Last! Sich an einem guten „Chef" orientieren zu können, hat **Entspannungscharakter**.

Die Voraussetzung ist allerdings, dass der Mensch die Chefrolle (auch aus Hundesicht gesehen) gut ausfüllt. Souveränität, Konsequenz, die Anerkennung von erbrachter Leistung und die Möglichkeit, eigene Ideen einzubringen, sind Eigenschaften, die aus Hundesicht einen guten Chef auszeichnen. Sie sehen: In diesem Punkt unterscheiden sich Hunde kaum von Menschen!

Rangregeln dienen dazu, aggressive Auseinandersetzungen innerhalb der eigenen Gruppe zu vermeiden. Im Zusammenhang mit der Tendenz für sich im Leben die bestmögliche Sozialstellung in Anspruch zu nehmen, fällt häufig der Begriff „Dominanz". Leider wird dieser Begriff oft fehlinterpretiert und fachlich falsch benutzt: Dominanz ist keine allgemeingültige Charaktereigenschaft, sondern bezeichnet in einer Momentaufnahme das Verhältnis zweier Individuen bzw. die Fähigkeit

des einen, eine Ressource (souverän) zu kontrollieren. Rangstärke und Dominanz sind eng miteinander verwandt. Hierbei ist auffällig, dass diejenigen, die diese Eigenschaften wirklich aufweisen bzw. in verschiedenen Momenten (inklusive Konfliktsituationen) die „Nerven" haben, gelassen zu bleiben, insgesamt nur äußerst selten aggressiv reagieren. Sie haben aufgrund ihrer souveränen Grundhaltung Streit gar nicht nötig! Die „Streithammel" unter den Hunden sind entgegen der landläufigen Meinung nicht dominante oder ranghohe, sondern sozial unsichere Tiere!

Aha!

Auch in einem Sozialverband wird Macht von unten nach oben weitergegeben und nicht umgekehrt!

Wenn ein „Chef" es nötig hat, seine Truppe durch ständige Gewaltanwendung oder -androhung unter Kontrolle zu halten, mangelt es ihm ganz offensichtlich an der Anerkennung seiner „Gefolgsleute". Zwischenfälle und Situationen des Aufbegehrens sind vorprogrammiert.

Nur durch die Anerkennung der „Basis" kann ein Chef eine Gruppe effektiv und schadlos lenken und führen.

Was braucht ein Hund?

Hundehaltung ist eigentlich eine recht simple Angelegenheit, auch wenn der Markt durch die Fülle an Produkten vielleicht etwas anderes suggeriert. Um glücklich und zufrieden zu sein, brauchen Hunde keinen Luxus. Für sie ist es wichtig, dass sie in einer sozialen Gruppe leben können und nicht als Maschine oder Spielzeug degradiert, sondern **als Persönlichkeit wahrgenommen** und entsprechend behandelt werden. Essenziell ist außerdem, dass sie in soziale Aktivitäten „ihrer" Menschen eingebunden werden und hierbei auf geistiger und körperlicher Ebene **Beschäftigung** finden.

Für die Entwicklung eines guten Sozialverhaltens in Bezug auf Artgenossen ist es erforderlich, Welpen und Junghunden **Kontakte mit anderen Hunden** zu ermöglichen, damit sie die Feinheiten des Hundeverhaltens überhaupt lernen oder später weiter schulen können.

Neben all diesen sozialen Punkten ist im Rahmen einer artgerechten Haltung darüber hinaus für die **Erfüllung der Grundbedürfnisse** zu sorgen.

Aus solchen Szenen entstehen leider häufig Unfälle aufgrund von Kommunikationsmissverständnissen.

Allem voran bezieht sich dies auf die Versorgung mit Nahrung und Wasser, die Bereitstellung eines sicheren Ortes (Liegeplatz), an den sich der Hund zum Ruhen zurückziehen kann, sowie die Kontrolle der Gesundheit und die umgehende Behandlung im Krankheitsfall.

Neben der Sicherung der Grundbedürfnisse des Tieres ist die Hundehaltung aber auch an einige Regeln gebunden. Der Gesetzgeber sieht für die Hundehaltung verschiedene Pflichten vor, die jeder Hundehalter zu erfüllen hat. So ist es beispielsweise seit 2011 bundesweite Pflicht, den Hund bei grenzüberschreitenden Reisen mit einem **ISO-Mikrochip** kennzeichnen zu lassen. Die Kennzeichnung wird im EU-Heimtierpass eingetragen und ist an diesen gebunden.

In einigen Bundesländern bestehen für alle Hundehalter oder ggf. nur für die Halter bestimmter Rassen weitere Pflichten, Auflagen oder beispielsweise auch rechtliche Zuchteinschränkungen. Ab Seite 85 finden Sie diesbezüglich weitere Angaben.

Unterbringung und Alleinsein

Wie bereits angesprochen, ergibt sich aus den oben aufgeführten Punkten, dass tatsächlich nichts gegen die Haltung eines Hundes in einer Stadtwohnung ohne Garten oder gegen die Haltung eines großen Hundes in einer kleinen Wohnung spricht, solange all den Grundbedürfnissen in ausreichendem Maß Rechnung getragen wird.

> **Aha!** Ein Mikrochip ermöglicht eine sichere Identifizierung des Tieres im In- und Ausland. Er wird mit einer speziellen Spritze an der linken Halsseite des Hundes unter die Haut gesetzt.

Schwieriger gestaltet sich mitunter das Management, wenn es um das **Alleinsein** geht: In der Hundehaltung kommt man meist nicht umhin, den Hund auch einmal für eine gewisse Zeit alleine zu lassen. Damit vertraut zu sein muss geübt werden, denn Alleinsein ist für ein Rudeltier kein angenehmer Zustand (siehe Seite 72). Vorausschauendes Planen ist erforderlich, im Speziellen bei Berufstätigkeit, wenn der Hund nicht mitgenommen werden kann. Bedenken Sie, dass eine artgerechte Hundehaltung bei einer ganztägigen Berufstätigkeit sehr fragwürdig ist, denn es bleiben nur wenige Stunden des Tages, in denen der Hund die Möglichkeit für Sozialkontakte hat. Dasselbe gilt für die Zwingerhaltung. Neben der Gesetzeslage (siehe Seite 85) muss auch das (psychische) Wohlbefinden des Tieres beim Management des Alleinseins Berücksichtigung finden. Die Unterbringung eines einzelnen Hundes in einer Zwingeranlage kann nicht als artgerecht bezeichnet werden. Gleiches gilt für die Haltung eines Hundes an einer Kette oder isoliert in einem Raum. Tägliche Isolationsphasen von mehr als 4 Stunden sind für ein sozial ausgerichtetes Tier schon als sehr bedenklich zu bezeichnen. Die Berufstätigkeit stellt hierbei aber nicht zwangsläufig einen Hinderungsgrund für die Hun-

Hinweis

Hinweis für die Mehrhundehaltung:
Wenn man zwei oder mehrere Hunde hält, sind die Tiere bei eigener Abwesenheit zwar nicht alleine, aber es kommt auch doppelt so viel Erziehungsarbeit und auf den Spaziergängen doppelt so viel nötige Kontrolle auf einen zu. Auch sind die Kosten für die Haltung natürlich entsprechend höher.

dehaltung dar. Heutzutage gibt es viele Optionen der Betreuung, mit denen man zu lange Phasen der Isolation überbrücken kann.

In der Stadt muss der Hund vielen Verleitungen standhalten können.

Erforderlicher Zeitaufwand und Kosten

Wenn Hundehaltung optimal gestaltet wird, ist sie zeitintensiv, denn Hunde müssen täglich körperlich und geistig beschäftigt werden. Neben der Bereitstellung von intensivem häuslichen Familienanschluss ist es für Hunde selbstverständlich ebenso wichtig, ausgeführt zu werden. Auf den Spazierrunden kann dem Hund leicht die Möglichkeit zu Kontakten mit Artgenossen und zum Schnuppern gegeben werden.

Weil das notwendige Maß an Bewegung stark vom Gesundheitszustand des Tieres abhängig ist, kann keine allgemeingültige Richtlinie aufgestellt werden, wie lange man mit einem Hund spazieren gehen sollte. Bei einem gesunden Tier mit guter Kondition braucht man sich aber im Allgemeinen keine Sorgen zu machen, dass man ihm zu viel Bewegung verschafft – meist ist eher das Gegenteil der Fall.

Hunde sind ausgesprochen lauffreudige Tiere. Dies gilt auch für kleine Hunde. Neben der Befriedigung des Bewegungsdranges bietet ein Spaziergang natürlich ebenfalls Gelegenheit, Trainingsübungen mit dem Hund umzusetzen, denn auch geistige Beschäftigung ist für Hunde enorm wichtig. Diesem Punkt wird in der Hundehaltung leider bislang oftmals noch nicht genug Rechnung getragen. Das Sprichwort „Wer rastet, der rostet" gilt gleichermaßen für Körper und Geist – bei Hunden ebenso wie bei Menschen! Langeweile schränkt die Lebensqualität eines Hundes erheblich ein.

Faustregel

Ein gesunder Hund sollte täglich mindestens zwei Stunden ausgeführt werden. Außerdem ist darauf zu achten, dass der Hund mindestens dreimal täglich (besser öfter) die Möglichkeit hat, sich zu lösen.

Kosten: Die Preise rechts sind Durchschnittswerte und dienen nur als grobe Übersicht. Im Einzelfall können die Kosten erheblich von den hier aufgeführten Zahlen abweichen. Weitere Kosten z. B. aufgrund regionaler Gesetzgebung (z. B. Kurse und Prüfung für den Sachkundenachweis Niedersachsen, Kurs zum Hundeführerschein, Sachkundenachweis NRW, Prüfung zur Befreiung im Falle einer Leinen- oder Maulkorbpflicht u. a.) sind uneinheitlich und hier daher nicht aufgeführt. Schnell kommen aber Kosten in Höhe einiger hundert Euro zusammen. Dies sollte bei der Planung zur Hundehaltung einkalkuliert werden.

Hinweis

Sich frei im Garten bewegen zu dürfen, bietet dem Hund keinen Ausgleich zu Spaziergängen – vor allem dann nicht, wenn sich der Hundehalter nicht mit ihm im Garten beschäftigt. Innerhalb des Gartens kennt der Hund schnell jeden Winkel und neue Gerüche kommen nur selten hinzu, sodass der Garten rasch langweilig wird und sich dann schnell Unsitten einbürgern. Die „Hobbys", Passanten am Gartenzaun zu verbellen oder die Blumenrabatten umzupflügen, sind nur zwei derartige Beispiele.

Durchschnittliche Kostenübersicht der Hundehaltung in Deutschland

Aufwendung	Kosten in Euro
Anschaffungspreis des Hundes	0–2500
Materialkosten im ersten Jahr	
Liegeplatz	25–250
Autosicherheitsvorrichtung	35–1000
Wasser/Futternapf	5–80
Leine	10–100
Halsband/Geschirr	20–200
Spielzeug	5–100
Steuer und Versicherungen pro Jahr	
Hundesteuer	0–800
Haftpflichtversicherung	50–500
Hundeschule	
Welpenkurs	30–400
Junghundekurs für 6 Monate	30–900
Fortgeschrittenenkurs/Sport	30–1200
Medizinische Versorgung pro Jahr	
Impfung	40–90
Entwurmung	20–60
Parasitenschutz	30–80
Check-up	15–75
Im Krankheitsfall	30–2500
Futterkosten pro Tag	
Kleiner Hund	ca. 1
Großer Hund	ca. 3–5

Tipp

Es lohnt sich, ein spezielles Hundekonto einzurichten, auf das monatlich ein gewisser Betrag eingezahlt wird. So ist man auch unvorhergesehenen Kosten einigermaßen gewachsen.

Da die **Beschäftigungsmöglichkeiten** weit gestreut sind, kann für jedes Hund-Halter-Team ohne große Mühe eine ideale Lösung gefunden werden. Neben der Umsetzung von Gehorsamkeitsschulungen oder der Teilnahme am Hundesport (Agility, Obedience, Dogdance, u.v.a.), bringen auch Futtersuchspiele und Tricktraining (Lernen von Spaßübungen und Kunststücken) oder andere Trainingszweige wie Mantrailing, Ziel-Objekt-Suche, Hütespiele etc. Schwung in den Alltag.

Die Riechleistung eines Hundes übersteigt die des Menschen um ein Vielfaches. Zu schnuppern ist für Hunde extrem wichtig, weil sie durch die Auswertung der Gerüche viele Informationen über ihre Umwelt sammeln können. Besonders interessant sind für Hunde Urinmarken oder Kot von Artgenossen, denn durch bestimmte Geruchsstoffe in den Ausscheidungen werden Informationen von Hund zu Hund weitergegeben. Uns Menschen mag dies, genau wie das Beriechen der Analregion oder der Geschlechtsorgane von Artgenossen bei Hundebegegnungen, manchmal etwas „unfein" erscheinen – es handelt sich jedoch um hundetypisches Normalverhalten.

Stressfreies Management (hier das Anleinen) muss geübt werden.

Hilfsmittel in der Hundeerziehung

Es gibt eine ganze Reihe von Hilfsmitteln zur Hundeerziehung. In der folgenden Übersicht wird jeweils kurz auf einige Vor- oder Nachteile des jeweiligen Hilfsmittels eingegangen.

Leinen und Halsbänder:	
Leine	Preis und Qualitätsunterschiede, je nach Material. Wichtig: Je länger die Leine, desto schlechter die Kontrolle über den Hund. Je kürzer die Leine, desto stärker ist die Einschränkung für das Tier.
Halsband/Geschirr	Besserer Tragekomfort bei breiten, gepolsterten Modellen. Sonderform: Leucht- oder Blinkhalsbänder zur Sicherheit im Dunkeln.
Autogeschirr, Gitter, Transportbox fürs Auto	Auf Sicherheits-Prüfsiegel (technische Überwachung) achten!
Endloswürger/ Stachelhalsband	Wirkung über Schmerzen und Unwohlsein, daher aus tierschutzrechtlichen Gründen abzulehnen.
Geschirre mit Zug-/ Druckwirkung unter den Achseln, Lendenleinen	Wirkung über Schmerzen, deshalb aus tierschutzrechtlichen Gründen abzulehnen.
Kopfhalfter (Halti, Gentle Leader, Canny Collar, Nextrix)	Bei fachgerechter Anwendung schmerzfreie und „hundelogische" Führungshilfen zur besseren Kraftverteilung zugunsten des Menschen. Gewöhnung erforderlich.
Schlaf- und Futterplätze:	
Freier Schlafplatz	Es sollte ein Platz gewählt werden, an dem Familienanschluss gewährleistet ist, der Hund jedoch genug Ruhe findet. Strategisch wertvolle Schaltstellen sind gegebenenfalls zu vermeiden.
Hundebox	Muss dem Hund schrittweise vertraut gemacht werden. Kann sehr gut zum Lernen der Stubenreinheit oder des Alleinebleibens, für den Transport im Auto oder im Urlaub genutzt werden. Die Box sollte mit einer bequemen Einlage und Beschäftigungsspielzeug versehen sein, gegebenenfalls muss auch Wasser angeboten werden.
Futternäpfe	Ein Napf mit Wasser sollte dem Hund ständig zugänglich sein. Die Mahlzeit muss nicht zwingend in einem Napf verabreicht werden. „Arbeitsleistung" und Beschäftigung (z. B. über den Einsatz von befüllbaren Spielbällen o. Ä.) ist sinnvoll und kann z. B. zum Training des Alleinseins genutzt werden. Futter kann darüber hinaus sehr gut als Belohnung eingesetzt werden.

Sekundäre Verstärker und Signalgeber:	
Clicker	Sehr gut als positiver sekundärer Verstärker einsetzbar, muss zunächst über Futter oder Spiel konditioniert werden.
Trainings-Discs	Müssen ebenfalls zunächst konditioniert werden, dienen dann als negativer Verstärker. Nur im Rahmen eines speziellen Verbotstrainings sinnvoll einzusetzen. Achtung: Angstverknüpfungen und gegebenenfalls daraus resultierende Umweltunsicherheiten können bei unsachgemäßem Einsatz auftreten.
Pfeifen	Können als Signal für den Rückruf oder für andere Übungen aufgebaut werden; spiegeln keine Emotionen wider, diverse Materialien und Töne, sauberer, d. h. fehlerfreier Trainingsaufbau ist bei schrittweisem Vorgehen leicht möglich.
Spielzeug:	
Ball	Auf Sicherheitsaspekte achten – der Ball oder Teile davon dürfen nicht verschluckt werden können (Kordel am Ball), auf hundetaugliches Material achten. Befüllbare Modelle besonders gut zur Beschäftigung einsetzbar.
Ziehtau	Sehr beliebt, besonders im Zahnwechsel.
Quietschtiere	Gehen leicht kaputt, sollten aus Latex sein, nicht sinnvoll bei individueller Steigerung der Erregungslage des Hundes.
Vollgummifiguren, Dummys, Hanteln	Für Apport-Übungen und -spiele. Je nach Modell auch im Wasser einsetzbar.
Stöcke	Fast immer greifbar, aber dennoch ungeeignet, da sie zu Zahnschäden und schweren Verletzungen in Maul- und Rachenbereich führen können!
Ausrangierte Textilen	Können in Spielzeug zum Ziehen, Schütteln, Apportieren und für Futtersuchspiele umgewandelt werden.
Kartons	Zum Kaputtbeißen und Spielen. Mit Futterstückchen gefüllt auch als einfaches Futterspielzeug einsetzbar.
Steine	Überhaupt nicht geeignet! Zerstören den Zahnschmelz und können verschluckt werden.
Futterspielzeuge in verschiedenen Ausführungen	Gut geeignet für das Alleinebleiben-Training und zur Beschäftigung im Alltag (vgl. Ball, Kartons).

Gesundheit, Pflege und Ernährung

Im Rahmen der Pflegemaßnahmen gilt es, den Hund regelmäßig auf seine Gesundheit hin zu kontrollieren. Was haben Sie beobachtet? Verhält er sich anders, lahmt er, hat er Nasen- oder Augenausfluss oder leidet er unter Juckreiz oder Durchfall? Frisst er mit dem gewohnten Appetit? Werfen Sie neben diesen Dingen zur Kontrolle mindestens einmal wöchentlich einen Blick auf die Pfoten (auch die Zehenzwischenräume, denn hier können Pflanzenteile steckenbleiben), die Ohren (Entzündungen oder Überproduktion von Ohrenschmalz und starker Haarwuchs), das Maul (Zahnsteinbildung) und die Geschlechtsorgane (Ausfluss).

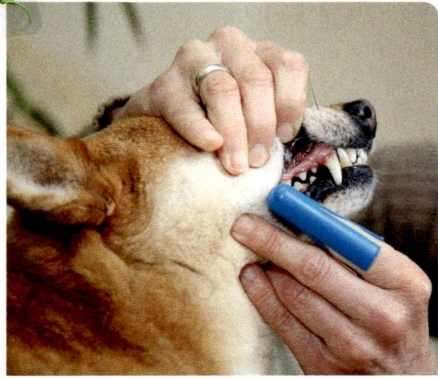

Zähneputzen beugt Zahnstein vor.

Weil Hunde uns nicht mitteilen können, wenn sie sich einmal nicht so wohl fühlen, ist es wichtig, jede Veränderung zu bemerken. Bedenken Sie, dass Hunde auch Probleme mit dem Herzen, dem Rücken oder anderen Gelenken, der Schilddrüse, dem Verdauungsapparat oder anderen Organsystemen haben können. Schalten Sie frühzeitig Ihren Tierarzt ein, denn es ist immer leichter, eine Krankheit im Anfangsstadium zu behandeln.

Gesundheitsvorsorge

Bei der **Fellpflege** sollte man auf Auffälligkeiten wie Schwellungen oder Verletzungen der Haut, rote oder kahle Stellen, Schuppenbildung oder Parasitenbefall achten. Bei langhaarigen Hunden ist außerdem wichtig, dass sich keine Filzstellen bilden, denn darunter ist die Belüftung der Haut nicht mehr ausreichend gewährleistet und es bilden sich schnell übelriechende und gegebenenfalls auch entzündete Stellen. Wenn sich bereits sehr viele Verknotungen gebildet haben, hilft es, diese herauszuschneiden, denn ein Auskämmen kann eine elende Prozedur sein. Es sollten außerdem keine Haare vor oder in die Augen hängen, weil dies zu ständigen Reizungen der Hornhaut und somit zu Entzündungen des Auges führt. Lösungsmöglichkeiten gibt es hierbei viele: Die Haare können geschnitten, getrimmt oder hochgebunden werden.

Es ist nicht erforderlich, Hunde zur Gesunderhaltung regelmäßig zu baden. Tatsächlich ist es für die Haut in aller

Aha!

Hunde, die durch vor die Augen hängende Haare in ihrem Blickfeld beeinträchtigt sind, sind oftmals deutlich schreckhafter. Langfristig kann dies in ein Angst- oder Angstaggressionsproblem münden.

Regel sogar gesünder, wenn dies eine Ausnahme bleibt. Benutzen Sie bei unvermeidbaren Waschungen nach Möglichkeit stets ein Spezialshampoo, welches Sie beim Tierarzt bekommen, denn mit Shampoos für Menschen können das Fell und die Haut eines Hundes nicht optimal gepflegt werden.

Die **Körpertemperatur** bei einem erwachsenen Hund beträgt – im After gemessen – im Normalfall 38 bis 38,8 °C. Von erhöhter Temperatur spricht man bis zu 39,3 °C, darüber handelt es sich um Fieber. Wenn einmal Sorge besteht, ob der Hund krank ist, weil er sich anders verhält als sonst, sollten Sie zunächst einmal Fieber messen. Hat er Fieber, ist der Krankheitsverdacht bestätigt. Hat er kein Fieber, verhält sich aber weiterhin seltsam, sollten Sie ihn weiter beobachten und im Zweifelsfall auch dem Tierarzt vorstellen, denn schließlich geht nicht jede Erkrankung mit Fieber einher!

Zum Fiebermessen muss nur die Metallspitze des Thermometers in den After eingeführt und für eine gewisse Zeit dort gehalten werden. Man kann etwas Fett auf die Spitze des Thermometers auftragen, damit es beim Einführen besser gleitet und das Fiebermessen für den Hund nicht so unangenehm ist.

Zur **gesundheitlichen Vorsorge** des Hundes gehört auch, ihn regelmä-

> **Tipp**
> Wenn man einen Hund neu bekommt, sollte man ihn sobald wie möglich beim Tierarzt vorstellen. Auf diese Weise erhält der Hund eine Grunduntersuchung und der Tierarzt kann anhand des EU-Heimtierausweises prüfen, wann die nächste Impfung ansteht und ob der Hund einen Mikrochip trägt. Falls die Herkunft (und somit das letzte Entwurmungsdatum) unbekannt ist, kann der Tierarzt gleich die nötigen Schritte einleiten.

ßig impfen bzw. bei einem jährlichen Routinecheck vom Tierarzt untersuchen zu lassen. Es ist später viel wert, wenn sich Tierarzt und Hund früh kennengelernt haben. Hunde, die Tierarzt und -praxis in einer entspannten Weise kennenlernen, sind auch bei weiteren Besuchen ungestresster und benehmen sich bei den Behandlungen besser. Das vereinfacht jegliche Untersuchung.

Auch für den Tierarzt ist es hilfreich, wenn er den Hund gegebenenfalls schon gesund kennengelernt hat. Er kann so den Schweregrad von Erkrankungen besser einschätzen.

Regelmäßige prophylaktische **Impfungen** im Rahmen der Gesundheitsvorsorge werden vom Verband praktischer Tierärzte gegen Staupe, Hepatitis canis, Parvovirose, Leptospirose und Tollwut empfohlen. Auch gegen Zwingerhusten, Borreliose und einige weitere Erkrankungen sind Impfungen möglich und können in Gebieten erhöhten Infektionsdruckes nach Rat des Tierarztes ebenfalls vorgenommen werden.

> **Aha!**
> Welpen, Hunde kleiner Rassen und Hunde, die vor dem Fiebermessen getobt haben, trächtige Hündinnen oder sehr aufgeregte Kandidaten haben immer eine etwas höhere Temperatur.

Je nach **parasitärem Infektionsdruck** und in Absprache mit dem Tierarzt sollte der Hund zwei- bis viermal jährlich entwurmt werden. Ihr Tierarzt berät Sie auch bei der Frage, wie ein Befall mit Flöhen, Zecken, Milben und anderen Parasiten abgewehrt oder behandelt werden kann.

Wenn eine **Reise** mit dem Hund ansteht, sollten Sie frühzeitig mit dem Tierarzt klären, welche Prophylaxemaßnahmen beispielsweise in Bezug auf „Reisekrankheiten" (Leishmaniose, Anaplasmose, Babesiose, Dirofilariose u. a.) zu treffen sind. Zudem gilt es, die im Reiseland gültigen Impfpflichten zu erfüllen. Je nach Reiseziel beläuft sich die Vorbereitungszeit auf über sechs Monate – ein wichtiger Punkt, der bei der Reiseplanung berücksichtigt werden muss.

Häufige Krankheiten

*   **Schnittverletzungen** an den Pfoten ziehen sich Hunde relativ häufig zu. Die Verletzungen sollten in jedem Fall behandelt, größere Wunden unter Umständen sogar chirurgisch vom Tierarzt versorgt werden. Auch **Krallenprobleme** sind keine Seltenheit.
*   Weitere Erkrankungen, die fast jeder Hund einmal hat, sind **Erbrechen** und **Durchfall**. Bedenken Sie,

Üben Sie die Kontrolle von Ohren, Zähnen und Pfoten schon daheim – dann sind Sie bestens für den Tierarztbesuch vorbereitet.

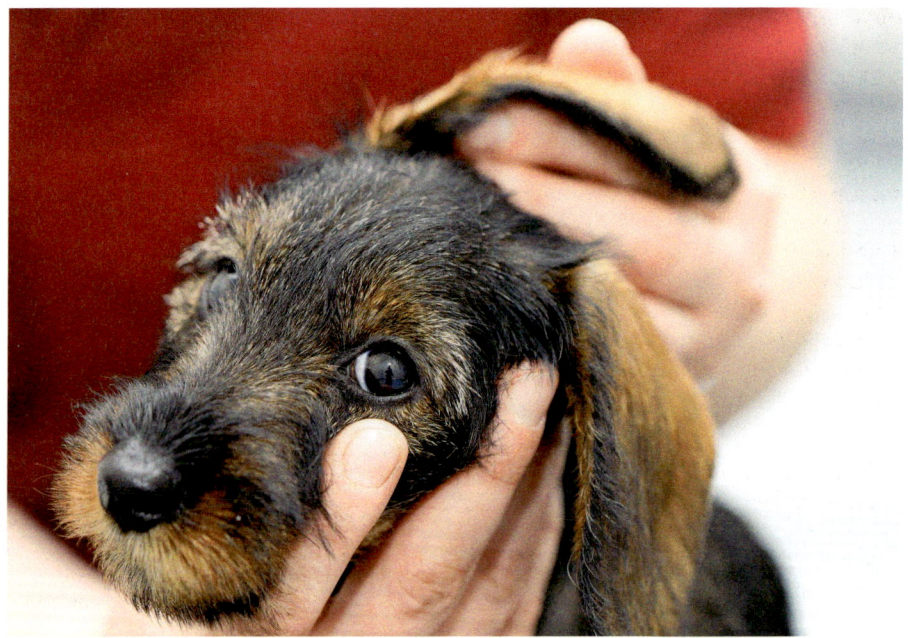

dass dabei gar nicht diese Symptome selbst die eigentliche Gefährdung für den Hund darstellen, sondern der unnatürlich große Flüssigkeitsverlust. Achten Sie strikt darauf, dass Ihr Hund, wenn er erbricht oder Durchfall hat, genügend Flüssigkeit aufnimmt. Bieten Sie ihm häufig handwarmes Wasser an, aber lassen Sie ihn immer nur kleine Mengen trinken. Wenn Ihr Hund das Wasser ablehnt oder aufnimmt, es aber schon bald wieder von sich gibt, muss er dem Tierarzt vorgestellt werden.

- Eine lebensbedrohliche akute Notfallsituation ist die sogenannte **Magendrehung**. Hierbei kommt es zu einer Drehung des Magens um die Längsachse. Magenein- und -ausgang und somit auch große Blutgefäße sind zugeschnürt. Der Hund muss sofort operiert werden! Große Rassen mit tiefem Brustkorb sind anfälliger für eine Magendrehung. Lassen Sie den Hund daher nicht zu große Futtermengen auf einmal aufnehmen und achten Sie darauf, dass er nach dem Fressen nicht tobt.
- Sollte Ihr Hund beginnen, aus dem Maul zu riechen oder häufig ungeformten und besonders übelriechenden Kot abzusetzen, kann es sein, dass eine **Futtermittelunverträglichkeit** vorliegt. Wenden Sie sich in diesen Fällen an Ihren Tierarzt, der durch spezielle Untersuchungen auch andere Ursachen ausschließen kann. Bei schlechtem Atem ist mitunter auch **Zahnstein** die Ursache, den der Tierarzt entfernen kann.

Aha!

Bei einer heftigen Durchfallerkrankung oder Brechdurchfall kann ein Hund innerhalb von ein bis zwei Tagen austrocknen und an diesem Flüssigkeitsverlust sterben. Nehmen Sie Durchfälle also keinesfalls auf die leichte Schulter!
Auch wenn Sie feststellen, dass Ihr Hund sich mehr kratzt als sonst, träge, launisch, aggressiv oder ängstlicher geworden ist, ist Ihr Tierarzt der richtige Ansprechpartner, denn für solche Verhaltensveränderungen gibt es immer eine Ursache. Diese herauszufinden, ist Sache des Tierarztes. Es ist allemal besser, einmal zu oft den Tierarzt um Rat zu fragen, als einmal zu wenig oder zu spät!

Ernährung

Die Futtermenge, die Ihr Hund bekommt, sollte seinen Bedürfnissen entsprechen. Ein gesunder erwachsener Vierbeiner sollte weder zu- noch abnehmen. Achten Sie stets auf das Gewicht Ihres Hundes. Ideal ist es, das Tier schlank und agil zu halten, denn viele Hunde neigen dazu, mehr zu fressen, als ihnen gut tut.

Die Ernährung mit Fertigfutter ist praktisch und in den meisten Fällen auch in der Zusammensetzung ausgewogen. Mittlerweile gibt es für die verschiedenen Bedürfnisse spezielle Futtermittel (z. B. Welpen-, Junghund-, Senior-, Diät-, Leistungs- oder Allergikerfutter). Wer selber für seinen Hund kochen oder ihn roh ernähren will, sollte die Ration regelmäßig tierärztlich kontrollieren lassen, damit er im Rahmen der Entwicklung und den damit einhergehenden Verän-

derungen der Nahrungsbedürfnisse
stets optimal versorgt wird und eine
Mangel- oder Fehlernährung ausgeschlossen ist.

Auf Seite 184 finden Sie unter den
Linktipps Kontaktdaten von Tierärz-
ten, die auf Ernährungsberatungen
und Bedarfsberechnungen spezialisiert
sind.

Wasser muss dem Hund immer
leicht zugänglich sein und in ausreichender Menge zur Verfügung stehen.
Das ist besonders wichtig, weil Hunde
über das Hecheln viel Flüssigkeit ver-
dunsten. Anders als wir Menschen re-
gulieren sie auf diese Weise ihre Körpertemperatur, denn sie haben keine
über den ganzen Körper verteilten
Schweißdrüsen.

Weil Hunde nicht darauf angewiesen sind, pünktlich und zu bestimmten
Tageszeiten zu fressen, kann das Futter sehr gut im Rahmen von Beschäfti-
gungsmaßnahmen oder als Belohnung
für gute Leistung bei Trainingsübungen eingesetzt werden. Auf diese
Weise fällt es leicht, den Tagesablauf
für den Hund ohne besonderen Zeit-
aufwand für einen selbst abwechs-
lungsreich zu gestalten.

Auch Belohnungshäppchen sollten in die
Tagesration eingerechnet werden.

Hündinnen und Rüden ...

Hündinnen werden normalerweise
zweimal im Jahr läufig. Die **Läufigkeit**
(Hitze) dauert im Durchschnitt drei
Wochen. Anzeichen der Läufigkeit
sind ein Anschwellen der Scheide und
Absonderung eines zunächst blutigen,
später klaren Sekretes aus der
Scheide. Dieses Sekret enthält Duft-
stoffe, die Rüden anlocken. Zu Beginn
der Läufigkeit lässt sich die Hündin
aber noch nicht decken, sondern
wehrt die Rüden ab. Erst um den 11.
bis 13. Tag herum beginnt die frucht-
bare Zeit. Bei einzelnen Hündinnen
kann diese Phase aber auch schon früher beginnen oder sich länger als drei
Tage hinziehen. Man spricht davon,
dass die Hündin während dieser Zeit
„steht" – die **Standhitze**. Jetzt duldet
die Hündin die Nähe der Rüden und
animiert diese in teils recht eindeuti-
ger Art und Weise zum Paarungsakt.

Der **Deckakt** bei Hunden dauert
zwischen fünf und über dreißig Minuten. Während des Deckaktes steigt der
Rüde zwar nach einiger Zeit von der
Hündin ab, dennoch sind beide über
den Penis miteinander verbunden –

> **Hinweis**
> Trennungsversuche von
> Hündin und Rüde wäh-
> rend des Deckaktes führen zu schweren
> Verletzungen der Tiere!

sie „hängen". Während dieser Zeit sind Rüde und Hündin nicht voneinander zu trennen.

Erst wenn der Schwellkörper des Rüden abgeschwollen ist, trennen sich die Tiere wieder. Auch für den Fall einer ungewollten Bedeckung bleibt einem in dieser Situation nur abzuwarten, und sofort danach in Ruhe mit dem Tierarzt zu beraten, ob die Hündin Welpen bekommen oder ob durch Hormonspritzen eine Abtreibung eingeleitet werden soll.

Geschlechtsreife

Rüden sind nach dem Eintritt der Geschlechtsreife ganzjährig zeugungsfähig. Die Geschlechtsreife bei Rüden setzt bei kleinen Rassen mitunter schon mit fünf Monaten ein. Ein leicht erkennbares Anzeichen der erreichten Geschlechtsreife ist bei Rüden das Beinheben (aber Achtung: Die Zeugungsfähigkeit besteht gegebenenfalls sogar schon davor und es gibt Hunde, die beispielsweise wegen orthopädi-

Harnmarken dienen der Kommunikation.

scher Beschwerden nicht das Bein heben!).

Hündinnen sind ab der ersten Läufigkeit geschlechtsreif. Erstmals läufig werden sie meist zwischen dem 7. und 11. Lebensmonat. Auch in dieser ersten Läufigkeit kann eine Hündin schon erfolgreich gedeckt werden. Von der Belegung eines so jungen Tieres ist jedoch abzuraten, da die Hündin je nach Rasse noch nicht voll ausgewachsen und auch in sozialer Hinsicht noch unreif ist.

Welpen unerwünscht

Wenn Sie nicht möchten, dass Ihre Hündin Welpen bekommt, müssen Sie in der Zeit, in der die Hündin „steht", gut aufpassen, denn Rüden und Hündinnen wenden nicht selten raffinierte Tricks an, um zueinander zu gelangen. Hierbei legen sie mitunter auch größere Distanzen zurück.

Man kann sowohl Hündinnen als auch Rüden kastrieren, um sie zeugungsunfähig zu machen. Man entfernt dazu die Keimdrüsen (bei Rüden die Hoden, bei Hündinnen die Eierstöcke und eventuell zusätzlich die Gebärmutter).

Bei Hündinnen kann man die Läufigkeit auch mit Hormongaben unterdrücken, allerdings hat dies eine Reihe von teilweise gravierenden Nebenwirkungen. Auch bei Rüden ist eine Beeinflussung des Sexualverhaltens mit Hormonen möglich. Die zu erwartenden Nebenwirkungen sind beim Rüden leichter einschätzbar und weniger schwerwiegend. Ihr Tierarzt ist hierfür der richtige Ansprechpartner, der Ihnen die jeweiligen Vor- und Nachteile genauestens erläutern kann.

Lernen und Erziehung – Grundwissen

Wenn Hunde in engem Kontakt mit Menschen leben, ist es erforderlich, sie zu erziehen. Der Erziehungsschwerpunkt liegt je nach Haltungsform des Hundes mitunter auf sehr unterschiedlichen Dingen. Im Familienhundebereich und allgemein in der privaten Haltung eines Hundes empfiehlt es sich, die Erziehungsbemühungen zunächst auf den **Grundgehorsam** und auf die **Gefahrenprophylaxe** zu richten. Hunde, die diese Regeln und Übungen beherrschen, sind rundweg unkomplizierte Zeitgenossen und fallen nirgendwo negativ auf. Das ist für den Halter sehr angenehm. Aber nicht nur für ihn, auch für den Hund: Einem wohlerzogenen Vierbeiner können schließlich im Alltag viel mehr Freiheiten eingeräumt werden.

Folgendes sollte mit jedem Hund als Gehorsamsbasis erarbeitet werden:

- Konzentration auf den Halter,
- Leinenführigkeit,
- das Lobwort,
- ein Abbruchsignal (Korrektursignal),
- ein Rückrufsignal,
- die Übungen SITZ (sitzen) und PLATZ (liegen),
- Dinge umgehend abzugeben (AUS),
- zu warten (BLEIB),
- niemanden anzuspringen und niemanden zu bedrängen.

Neben den erwähnten Grundgehorsamsübungen gibt es jedoch noch weitere Trainingsinhalte, die der Gefah-

Mit einem zuverlässig funktionierenden Rückruf passiert so etwas nicht.

renprophylaxe, sicheren Führung und leichten Kontrolle dienen. Für all diese Übungen finden Sie im zweiten Teil dieses Buches Vorschläge zur Trainingsgestaltung (siehe Seite 90) sowie im dritten Teil einen fünfwöchigen Übungsplan (siehe Seite 115), um die angestrebten Lerninhalte nach und nach zu festigen.

Lernverhalten

Lernen ist eine **Anpassungsreaktion an die Umweltbedingungen**. Wenn Sie möchten, dass Ihr Hund die angestrebten Trainingsinhalte möglichst schnell lernt und sie später freudig und zuverlässig zeigt, ist es sinnvoll, einen strukturierten Trainingsplan zu erstellen. Wenn dieser auf einem Belohnungs- bzw. Erfolgsprinzip aufgebaut wird, sind Hunde ausgesprochen begeisterte Schüler. Bei konsequentem Vorgehen können daher in relativ kurzer Zeit große Fortschritte erzielt werden. Gleichzeitig ist das Training ein **Langeweile-Killer** – die gemeinsame Beschäftigung mit Ihnen und die dem Hund entgegengebrachte Aufmerksamkeit sorgen dafür, dass alltägliche Langeweile gar nicht erst entsteht.

Das Lernverhalten von Hunden und Menschen unterscheidet sich im Großen und Ganzen nur unwesentlich voneinander. Hunde verfügen weitgehend über dieselben Körperstrukturen wie Menschen und folgen demnach denselben biologischen Gesetzmäßigkeiten, was das Abspeichern oder Abrufen von Lerninformationen anbetrifft. Sie lernen schnell, was sich

lohnt und was nicht. Und sie wollen mit einem möglichst hohen persönlichen Erfolg durchs Leben gehen (Ressourcen gewinnen und Schäden vermeiden). Im Gegensatz zu einem menschlichen Schüler kann ein Hund allerdings nichts mit wortreichen Erklärungen anfangen. Er lernt aus den sich ihm darstellenden Konsequenzen einer Handlung oder Situation. Hierbei ist zu berücksichtigen, dass Lernen in jedem wachen Moment des Lebens stattfindet und nicht nur in den Trainingsmomenten! Achten Sie also auch auf das, was sich im Alltag für Ihren Vierbeiner als Erfolg darstellt, denn Hunde beobachten auch Ihre Reaktionen genau und stellen ihr Handeln darauf ein.

Formen des Lernens

Heutzutage weiß man so viel über die biologischen Abläufe im Lernprozess, dass das Lernen nicht nach dem Motto „Das macht man halt so" ablaufen muss, geschweige denn sollte. Lassen Sie sich von einem **erfahrenen Hundetrainer**, der sein Wissen über Fortbildungen stets auf dem neuesten Stand hält, anleiten, um einen modernen Weg zu gehen (siehe Seite 83).

Wenn in der Ausbildung der **lerntheoretische Hintergrund** berücksichtigt und die **biologischen Gesetze** eingehalten werden, ist die Erziehung eines Hundes einfach, effizient und frei von körperlichem Druck, Zwang oder schmerzhaften Maßnahmen. Im Folgenden finden Sie eine Übersicht über die wichtigsten Lernformen.

Lernen durch Beobachtung und Nachahmung

Hunde lernen verschiedene Verhaltensweisen gut durch Nachahmen eines vertrauten Artgenossen. Schon als Welpen steht ihnen dieser Kanal offen. In der ersten Lebensphase wird das Verhalten, dass die Mutterhündin zeigt, übernommen und auch eigenständig als Handlungstendenz in neuen Situationen angewandt. Im Alltag ergeben sich aus dem Lernen durch Nachahmen folgende Vor- und Nachteile:

Nachteile: Vorsicht ist geboten, wenn das Vorbild des Hundes kein „gutes" Vorbild ist! Vor allem bei der Entwicklung des Jagdverhaltens stellt das Lernen durch Nachahmen ein besonderes Risiko dar. Aber auch bei anderen Hobbys kann es sein, dass Mensch und Hund andere Ansichten bzw. Absichten haben. Eine Signalverknüpfung (siehe Seite 68) ist nicht so leicht durch das bloße Nachahmungslernen zu erreichen. Man kommt also nicht darum herum, am Lernoutput zu feilen.

Vorteile: Wenn dem Hund ein „guter" Lehrmeister zur Verfügung steht, werden viele Verhaltensweisen automatisch übernommen. Auch im Fall bestimmter Problemlösungen kann das Nachahmungslernen zum Erfolg führen. Das Talent, über diesen Weg zu lernen, scheint individuell unterschiedlich stark ausgebildet zu sein.

Die Grundstellung (siehe Seite 105) kann an beiden Seiten geübt werden.

Habituation und Sensitivierung

Habituation und Sensitivierung sind untereinander wie Gegenspieler zu betrachten. An Reize, die für das persön-

> **Tipp**
>
> Auch im Gruppentraining kann man sich das Nachahmungslernen zunutze machen. Dies gilt allerdings nur, wenn es möglich ist, den noch jungen und nicht so weit geschulten Hund in eine Gruppe von freundlichen und weiter fortgeschrittenen Hunden zu integrieren.

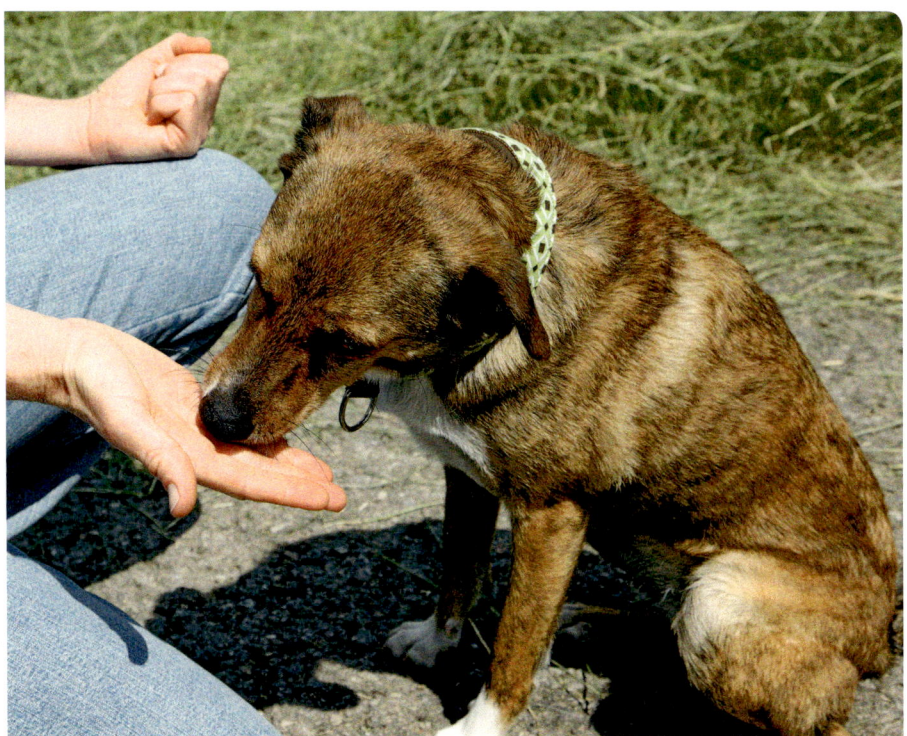

Dieser Hund lernt gerade das Abbruchsignal (siehe Seite 100) und erhält für richtiges Verhalten seine Belohnung.

liche Wohlbefinden ohne Konsequenzen bleiben, gewöhnt sich der Organismus und schenkt ihnen keine weitere Beachtung – dies bezeichnet man als **Habituation** (Gewöhnung). Ein Beispiel ist die Gewöhnung an Verkehrsgeräusche. Wenn der Hund täglich mit ihnen konfrontiert wird und weder eine auffällig positive Konsequenz noch etwas Negatives mit ihnen in Verbindung bringt, reagiert er bald nicht mehr auf sie.

Anders ist es, wenn eine **Sensitivierung** stattfindet. Das ist immer dann sehr wahrscheinlich, wenn der Hund einen neuen Reiz im Rahmen einer Stresssituation kennenlernt. In diesem Fall schenkt der Hund dem neuen Reiz viel Aufmerksamkeit, denn er ist wegen eines anderen Stresserlebnisses schon in Alarmbereitschaft. Findet der Hund diesen Reiz nun nicht in seiner Geborgenheitsgarnitur (siehe Seite 28), wird die Wahrscheinlichkeit wiederum größer, dass eine Sensitivierung stattfindet, denn ein Entspannen ist kaum noch möglich. Im Gegenteil: Der Reiz wird negativ verknüpft und ist in Zukunft geeignet, ohne vorherige Stressaktivierung ei-

genständig Angst oder Stress auszulösen. Beispielsweise ist eine negative Reaktion auf Verkehrsgeräusche vor allem bei solchen Hunden wahrscheinlich, die in ruhiger, ländlicher Umgebung aufgewachsen sind und erstmalig an einer befahrenen Straße ausgeführt werden. Standen sie obendrein vorher schon aufgrund eines anderen negativ verknüpften Ereignisses (bei einem Welpen z. B. das erstmalige Anziehen von Leine und Halsband) unter Stress, ist eine Sensitivierung wahrscheinlich.

Sorgen Sie dafür, dass Ihrem Hund neue Situationen möglichst so präsentiert werden, dass eine hohe Wahrscheinlichkeit der Gewöhnung besteht.

Die Wahrscheinlichkeit einer drohenden Sensitivierung hingegen sollte stets klein gehalten werden, denn negative Verknüpfungen sind stets schwer zu lösen.

Instrumentelle Konditionierung

Ein in der Hundeausbildung häufig genutzter Trainingsweg basiert auf dem Einsatz von Lob und Strafe als sogenannte **Verstärker**. Die Art des Verstärkers entscheidet, ob der Hund seine Handlung als persönlichen Erfolg oder Misserfolg abspeichert und sie dementsprechend in Zukunft häufiger oder seltener zeigen wird. Die eingesetzten Verstärker wirken als Motive der Handlung.

Instrumentelle Konditionierung

Positive Belohnung
- etwas Gutes wird hinzugefügt

Negative Belohnung
- etwas Unangenehmes wird entfernt

Positive Strafe
- etwas Unangenehmes wird hinzugefügt

Negative Strafe
- etwas Gutes wird entfernt

Es gibt vier verschiedene Verstärker:
1. Das Hinzufügen von etwas Gutem.
   Beispiel: Der Hund erhält ein
   Leckerchen.
   Erzeugtes Gefühl: **Freude**
   (siehe Seiten 66 und 90).
2. Das Wegnehmen von etwas Unan-
   genehmem.
   Beispiel: Man vermindert den Zug
   auf das Halsband.
   Erzeugtes Gefühl: **Erleichterung.**
3. Das Hinzufügen von etwas Unan-
   genehmem.
   Beispiel: Ein kräftiger Ruck an der
   Leine.
   Erzeugtes Gefühl: **Angst oder
   Schmerz.**
4. Das Wegnehmen von etwas Gutem.
   Beispiel: Entzug von Aufmerksam-
   keit.
   Erzeugtes Gefühl: **Frustration**
   (siehe Seiten 66 und 100).

Das Training ist so zu konzipieren,
dass der Verstärker 1 (und indirekt somit auch der Verstärker 4) am häufigsten zum Einsatz kommt, denn dies ist
der für den Hund (und meist auch für
den Halter) angenehmste und auch
einfachste Weg. Der Hund lernt frei
von Angst, was sich für ihn lohnt und
was nicht.

**In Übungen gilt es hierbei Folgendes
zu berücksichtigen:**
• Der **Verstärker 1** (etwas Gutes wird
  hinzugefügt) löst bei ausreichend
  guter Qualität das Gefühl von großer Freude aus. Dies ist sehr wertvoll, wenn es auf die Dinge bezogen
  wird, die der Hund tun soll. Hier ein
  Beispiel: Der Hund spielt gerne mit
  Artgenossen. Wenn der Besitzer

ruft, während der Hund mit einem
Hundefreund spielt, steht die
„Pflicht" (Kommen) in Konkurrenz
zum Spaß (Weiterspielen). Wenn
im Trainingsaufbau des Rückrufsignals stets mit einer aus Hundesicht
hochwertigen Belohnung gearbeitet
wurde, hat man gute Karten, denn
die Pflicht erscheint dem Hund
dann lohnenswerter als das Spiel!
• Manchmal geht es aber nicht darum, etwas zu tun, sondern etwas
  zu unterlassen. Hier kann der **Verstärker 4** (etwas Angenehmes wird
  entzogen) eingesetzt werden. Das
  Gefühl, das hierbei ausgelöst wird,
  ist Frustration. Der Entzug von etwas Angenehmem kann über ein
  striktes Ignorieren der Handlung
  (Entzug von Aufmerksamkeit) oder
  durch den realen Entzug eines Objektes der Begierde umgesetzt werden. Dies führt zu einer sofortigen
  Anpassung des Verhaltens, denn
  Hunde erleben nicht gerne Frustration. Günstig ist, wenn die Situation so aufgebaut ist, dass weitere
  Fehlerquellen eingeschränkt werden und der Hund schnell und
  selbstständig eine bessere Idee entwickeln kann. Sobald er eine „gute"
  Handlung zeigt, kann und sollte er
  auch wieder belohnt werden (Verstärker 1). Auch hierzu ein Beispiel: Der Hund springt den Besitzer an, wenn dieser nach Hause

Hinweis

Beim Lernen mittels
instrumenteller Konditio-
nierung setzt der Hund bewusst und
absichtlich Handlungen für seinen persönlichen Erfolg ein.

kommt. Dieser wendet sich kommentarlos ab und steht ohne den Hund anzuschauen wie eine Salzsäule da (oder verlässt sofort wieder die Wohnung, wenn der Hund zu groß und kräftig bzw. zu lästig ist). Das ist der Moment des Misserfolgs für den Hund. Sobald er sein Verhalten anpasst und ruhig steht (oder noch besser: sich ohne Kommando hinsetzt), kann er wieder Zuwendung bekommen. Er lernt so: Anspringen lohnt sich nicht, ruhiges Verhalten hingegen führt zu Erfolg.

Wichtiger Hinweis: Der erfolgreiche Einsatz der Technik „Ignorieren" ist auf Verhaltensweisen beschränkt, die nicht selbstbelohnend sind! Bei selbstbelohnenden Handlungen (z. B. dem Jagen) ist schon die Handlung selbst ein Verstärker, weil sich der Hund hierbei „pudelwohl" fühlt. Um zu lernen, wie viel Freude das Jagen bereitet, muss der Hund also keinesfalls Beute schlagen. Schon ein mitunter wenig jagdintensiv anmutendes Verfolgen einer Spur kann ein massiver Handlungsverstärker sein.

Beim **Einsatz der Verstärker 2 und 3** (etwas Unangenehmes wird weggenommen oder hinzugefügt) nimmt man zwangsläufig einen Lernumweg in Kauf. Denn hier wird einerseits damit gespielt, dass der Hund zunächst in eine unangenehme Situation gerät, um ihm dann das Gefühl von Erleichterung verschaffen zu können oder man appliziert etwas Unangenehmes, um ein verbotenes oder unerwünschtes Verhalten zu ahnden. Auch wenn vor allem Letzteres viel-

> **Hinweis**
>
> Um unerwünschte Verhaltensweisen gar nicht erst aufkommen zu lassen, ist es am effektivsten, die Möglichkeit, diese „Lernleistung" überhaupt zu machen, mittels neutraler Managementmaßnahmen zu verhindern und gleichzeitig für diese konkrete Situation oder ähnlichen Situationen eine erwünschte Lernleistung zu schulen.

leicht zunächst so klingt, als ob über diese Schiene ein schneller Trainingserfolg erzielt werden könnte, so bedeutet es konkret jedoch in beiden Fällen, dass ein **externer Stressor erzeugt** wird und Stress wiederum führt zu einer generell schlechteren Lernleistung bei gleichzeitig erhöhter Wahrscheinlichkeit für Affekthandlungen (siehe Seite 81). Zudem bedeutet es, dass die verbotene Verhaltensweise zunächst gezeigt und somit auch geübt wurde!

Regeln für den Einsatz und emotionaler Bezug der Verstärker

Timingregel: Je unmittelbarer die Verstärkung erfolgt, desto nachhaltiger ist der Lerneffekt. Ideal ist eine zeitliche Bindung von 0,5–1,5 Sekunden zwischen Handlung und nachfolgender Verstärkung.

Konsequenzregel: Je zuverlässiger die Verstärkung erfolgt, desto „sicherer" fühlt sich der Hund. Beim Einsatz aversiver Verstärker dient dieser Aspekt der Stressminimierung! Der erwählte Verstärker sollte idealerweise beim ersten sowie jedem weiteren Auftreten des entsprechenden Verhaltens

Merke

Klassische Konditionierung

erfolgen – bis der gewünschte Trai-
ningsstand erreicht ist. Um eine stabile
Lernleistung zu erreichen, muss das
Verhalten ausreichend häufig mit dem
Verstärker gekoppelt werden (idealer-
weise mehrere Tausend Male!).
Intensitätsregel: Der Verstärker muss
von der Intensität zum individuellen
Charakter des Hundes und zu der
Situation passen.

Klassische Konditionierung
Neben der eben beschriebenen Lern-
form (instrumentelle Konditionierung), in der es darum geht, eine Verhaltensweise in Bezug zu der erzielten
Wirkung zu setzen, kann der Hund
auch sehr gut über **reflexartiges Ver-**

Konzentriertes Führen mit Hilfestellung in
einer Ablenkungssituation.

knüpfen zweier Ereignisse mittels
klassischer Konditionierung lernen.
   Die Voraussetzung hierfür ist, dass
das zu lernende Ereignis (neuer Reiz)
in enger zeitlicher Nähe (optimal 0,5
Sekunden) vor einem reflexauslösen-
den Reiz präsentiert wird. So wird der
zu erlernende Reiz zum Auslöser für
das reflexartig gesteuerte Verhalten.
   Das bekannteste Beispiel einer klassischen Konditionierung sind Pawlows
speichelnde Hunde: Im Lernvorgang
ertönte für eine Zeit lang immer kurz
vor der Präsentation des Futters ein
spezielles Geräusch. Nach mehreren
derartigen Verknüpfungsdurchgängen
fingen die Hunde schließlich schon auf

das Tonsignal hin an zu speicheln, ohne dass ihnen das Futter präsentiert wurde. In diesem Fall ist die Reflexhandlung (Speichelfluss) an ein Tonsignal als Auslöser gekoppelt.

Die klassische Konditionierung kann auch in der **Prophylaxe von Problemverhaltensweisen** sinnvoll sein. Beispielsweise, wenn der Hund Radfahrer jagt: Bekommt der Hund immer, wenn ein Fahrradfahrer vorbeifährt, dicht an den Beinen seines Halters ein besonders leckeres Futterstückchen zugesteckt, so kann er die beiden Ereignisse Fahrrad und Futter (bzw. Ort des Futters) miteinander in Verbindung setzen. Das Fahrrad kün-

Hinweis

Auch Emotionen sind reflexartig (also nicht über das Nachdenken) gesteuert, sodass das Lernen über diesen Weg immer dann besonderen Wert hat, wenn man einen hohen emotionalen Lerneffekt erzielen möchte, oder wenn man möchte, dass der Hund mit einem bestimmten Reiz zukünftig eine andere Emotion verknüpft. Auch für alle Trainingsinhalte, die „automatisch", also ohne Nachdenken ablaufen sollen, ist die klassische Konditionierung die Methode der Wahl.

digt ihm an, dass er nun von und bei seinem Besitzer ein Futterstück erhalten wird. Dies hat zur Folge, dass er sich bald über Fahrradfahrer freut und sich bei deren Anblick in freudiger Erwartung eines Leckerchens seinem Besitzer zuwendet.

Timing und emotionaler Bezug

Bei beiden oben vorgestellten Trainingswegen (klassische und instrumentelle Konditionierung) ist darauf zu achten, dass ein **gutes Timing** eingehalten und ein möglichst **hoher positiver emotionaler Bezug** im Hinblick auf die zu erlernende Handlung oder den zu verknüpfenden Reiz hergestellt wird.

Über Folgendes können bei Hunden positive Emotionen hervorgerufen werden:

- Futter (schmackhafte Häppchen oder Teile seiner Mahlzeit).
- Spielzeug bzw. ein gemeinsames Spiel mit dem Besitzer. Achtung: Führt eventuell zu einer Steigerung der Erregungslage, was im Alltag nicht immer vorteilhaft ist!
- Aufmerksamkeit durch den Besitzer. Achtung: Obwohl Aufmerksamkeit und Beachtung durch den Besitzer vom Hund als etwas Positives

wahrgenommen werden, werden Körperberührungen in einer „Arbeitssituation" oder als Belohnung vom Hund in aller Regel abgelehnt!

Erinnerungsstütze in Bezug zu den Lernregeln

Für das **Timing** gilt folgende Faustregel: Verknüpfungen können nur zwischen zwei Ereignissen hergestellt werden, die maximal eine Sekunde auseinander liegen. Dies gilt für den Einsatz von Lob oder Strafe gleichermaßen. Timingfehler führen zwangsläufig zu Fehlverknüpfungen. Lob bzw. Belohnungen sollten leistungsgebunden eingesetzt werden.

Strafeinsatz: Die Lernausbeute ist extrem gering. Durch eine Strafe lernt der Hund keineswegs, was er tun soll! Er lernt bestenfalls, was er nicht tun soll. Dies macht ihn allerdings weder „schlauer" noch in Alltagssituationen leichter lenkbar! Um Folgeschäden zu vermeiden ist es wichtig, darauf zu achten, dass der Hund die angewandte Strafe „verstehen" kann. Sie muss in Art und Intensität der Situation und dem Vierbeiner angepasst sein. Beim Einsatz von Strafe ist generell zu bedenken, dass Fehlverknüpfungen zu Angst und gegebenenfalls aggressivem Verhalten führen können!

Für die klassische Konditionierung gilt, dass der zu erlernende Reiz *zuverlässig* den unkonditionierten Reiz ankündigen muss. Dieses Detail bezeichnet man als **Vorhersehbarkeit**: Nur bei einer guten Vorhersehbarkeit kann ein effektives Lernen stattfinden. Andernfalls schwankt die Lernleistung stets zwischen Abspeicherung und Löschung.

Futter, Spiel und Ansprache können als Motivations- oder Belohnungsmittel eingesetzt werden. Aber: Auch hochwertige Motivationsmittel verlieren an Wert, wenn sie für den Hund dauerhaft zugänglich oder „zu" leicht zu erreichen sind. **Hinweis**

Clickertraining

Der Clicker ist ein **Trainingshilfsmittel**, mit dem ein metallisches „Click"-Geräusch erzeugt werden kann. Üblicherweise wird der Clicker als sogenannter Positivmarker (positiver Sekundärverstärker) eingesetzt. Er kann im Training nach einer einfachen Basisübung, in der der Hund die Bedeutung des Geräusches kennenlernt (nämlich: Click = es folgt ein Leckerchen), sofort Anwendung finden. Das „Click" ist ein festes Versprechen an den Hund, kurze Zeit später ein Leckerchen zu erhalten. Für den Hund heißt „Click" demnach: Richtig!, Prima!, Genau so!, Das möchte ich wieder von dir sehen! Du bekommst dafür ein Leckerchen!

Über den Einsatz des Clickers ist auch dann ein **sauberes Timing** leicht einzuhalten, wenn es für einen selbst unbequem, schwer oder ggf. auch unmöglich ist, punktgenau mit einem Primärverstärker (z. B. Futter) auf den Hund einzuwirken.

Anwendung des Clickers: Geclickt werden kann immer, wenn der Hund eine gute Leistung zeigt. Besonders sinnvoll ist auch hier ein zielgerichteter Einsatz, d. h. die Bindung der Clicks an ein ganz spezielles Detail einer Handlung. Da dem Hund im Moment seiner Bestleistung seine Belohnung über das „Click" bereits fest versprochen wurde, hat man bequem Zeit, ihm nach dem Click sein Leckerchen zu geben. Auch Übungen auf Distanz gelingen so spielend leicht.

Ist das alles? Nein! Über den Clicker kann man im Trainingseinsatz noch sehr viel mehr Vorteile erzielen. Der

Konzentration – wie der Blickkontakt zum Tierhalter – kann mit dem Clicker besonders gut aufgebaut werden.

Hinweis

Das „Click" kann wie ein Foto verstanden werden.
Wie sieht Ihr Hund aus, wenn er brav ist? Passen Sie den Moment der Idealaufnahme ab und drücken Sie auf den „Auslöser" (Clicker). Lassen Sie Ihrem Hund danach in aller Ruhe sein versprochenes Leckerchen zukommen.

Einstieg ist aber tatsächlich so simpel wie oben beschrieben. Interessante Abwechslung kann mittels Clicker auch über verschiedene weitere Trainingsmethoden z. B. der Stärkung von Spontanverhalten, dem freien Formen oder dem Target-Training erzielt werden. Hierzu sei aber auf Spezialliteratur zu diesem Thema verwiesen.

Signalaufbau

In den meisten Fällen tendiert man als Mensch recht stark dazu, im Umgang mit dem Hund Worte als Signale zu benutzen. Grundsätzlich ist dies auch möglich, jedoch muss man sich in Erinnerung rufen, dass Hunde eher auf die Informationsaufnahme über Körpersprachesignale als auf Sprachinhalte ausrichtet sind. Um mit dem Hund in der Kommunikation erfolgreich zu sein, gilt es dies zu berücksichtigen.

Im Signalaufbau ist darauf zu achten, dass ein Körpersprachesignal (Zeichen, Bewegung) stets erst *nach* einem ggf. bereits zuvor benutzten Sprachsignal (Kommandowort oder Signalton) eingesetzt wird, da es sonst zu dem Phänomen der Überschattung kommt. Das bedeutet: Der Hund „überhört" das Sprachkommando, weil seine Konzentration auf

> **Tipp**
>
> Für einen besonders fehlerfreien Signalaufbau (ein Sprachsignal betreffend) ist es ideal, das erwählte Wort erst möglichst spät im Trainingsverlauf einzuführen. Auf diese Weise sind in den vorherigen Trainingssitzungen mögliche Fehler (z. B. zögerliches Verhalten oder eine anderweitig unsaubere Ausführung der Übung) bereits ausgemerzt worden. Der Hund hat eine gute Chance, das erlernte Verhalten bzw. die nun bereits trainierte Bestleistung mit dem Kommandowort zu verknüpfen. In der Zukunft wird er in Bezug auf dieses Signal demnach weniger Fehler machen.

dem für ihn leichter verständlichen Signal der Körpersprache liegt.

Generalisierung

Wenn eine Übung überall abrufbar sein soll, ist es wichtig, die Leistung sorgfältig zu generalisieren. Dies bedeutet, dass die Handlung nach und nach **vom Situationsbezug losgelöst** werden muss – ein Kommando muss der Hund also überall und immer ausführen können. Dies gelingt jedoch nur, wenn die Handlung auch an unterschiedlichen Orten geübt wurde. Bei der instrumentellen Konditionierung spielt dies eine noch wichtigere Rolle als bei der klassischen Konditionierung! Im Training müssen beim Generalisieren Veränderungen im Raumbild, in Bezug zum Untergrund oder der Ablenkung aus der Umgebung eingeführt werden. Auch die ei-

> **Merke**
>
> Hunde lernen Körpersprachesignale besonders leicht. Wenn derartige Signale unbewusst oder unbedacht gegeben werden, kann dies zu Kommunikationsmissverständnissen führen.

gene Körperhaltung und die eigene Ausrichtung zum Hund sind Details, die der Hund in einer Übung zunächst mitverknüpft. Wenn sie keine Bedeutung haben sollen, müssen sie also „weggeneralisiert" werden. Durch ein gut aufgebautes Generalisierungstraining (kleinschrittige Steigerung des Leistungsinhaltes) gewinnt der Hund viel Sicherheit in der Übung.

Regeln für ein sauberes Generalisierungstraining

Voraussetzung: Der Hund muss die Grundübung verstanden haben und sie wahlweise auf Sichtzeichen oder auf Sprachkommando ohne weitere Ablenkung zuverlässig zeigen können.

Seien Sie aufmerksam: Bedenken Sie, dass auch durch scheinbar Alltägliches, zum Beispiel die Anwesenheit von Artgenossen, Dämmerung, Windgeräusche etc. die Situation für den Hund nicht mehr gleich ist! All dies sind Randbedingungen, die in das Generalisierungstraining im Sinne einer größeren Ablenkung eingebaut werden müssen.

Step by Step: Verändern Sie beim Generalisieren zunächst immer nur ein Detail. Der Hund soll es stets schaffen können, die Übung weiterhin ohne Fehler umzusetzen!

Klein anfangen: Schrauben Sie, was die Leistung der Übung anbetrifft, Ihren Anspruch zunächst ein wenig zurück. Steigern Sie aber gleichzeitig die Qualität der Belohnung. Bauen Sie dann über ein paar Wiederholungen die Leistung schrittweise wieder aus.

Bauen Sie über diesen Mechanismus schrittweise die ggf. anfangs noch erforderlichen Hilfestellungen ab.

Problemverhalten

Wenn das Zusammenleben mit dem Hund nicht so reibungslos funktioniert wie gewünscht, wird meist dem Hund die Schuld zugeschoben. Mitunter gab es jedoch für das Tier „gute Gründe" so zu werden – und zwar durch Menschenhand gesteuert. Im Folgenden soll ein wenig Licht in die Begriffsbezeichnungen gebracht werden.

1. Als **unerwünschtes Verhalten** werden alle Verhaltensweisen definiert, die von der „beurteilenden" Umwelt (meist der Halter oder nahe Kontaktpersonen) als unerwünscht erachtet werden. Die beobachteten Verhaltensweisen sind in der überwiegenden Mehrzahl der Fälle **Teil des Normalverhaltens**. Sie können in aller Regel leicht durch ein gezieltes Training beeinflusst werden. Ein Beispiel ist der Hund, der grob mit den Zähnen an die Finger des Tierhalters stößt, wenn dieser ihm ein Leckerchen anbietet.

2. Ein **Problemverhalten** liegt dann vor, wenn eine spezielle Verhaltensweise für die Mehrheit der beobachtenden Umwelt (Familie, Öffentlichkeit) ein Problem darstellt. Problemverhalten wird somit durch die Gesellschaft und ihre gängigen Normen (inkl. Kultur, Religion, Gesetzeslage) definiert und beeinflusst. Die vom Tier gezeigten Verhaltensweisen werden situationsadäquat als Reaktion auf einen bestimmten Reiz hin gezeigt. Sie werden durch die individuelle Motivationslage des Tieres, den momentanen emotionalen Zustand sowie bereits abgespeicherte Lern-

Diese Situation ist nicht ideal. Die Hunde werden zu eng aneinander vorbeigeführt.

erfahrungen bestimmt und entspringen immer noch dem Pool an normalen Verhaltensweisen (= Verhaltensweisen, die von der überwiegenden Mehrzahl an Individuen in einer gleichartigen Situation gezeigt werden).

Problemverhalten ist **therapiewürdig**, da es ein sorgenfreies Zusammenleben oder generell die private Haltung des Tieres belastet. Je nach zugrundeliegender Ursache können Problemverhaltensweisen mit einem geeigneten Therapieansatz vollständig umgelernt oder zumindest abgemildert und so ausreichend kontrolliert werden.

Ein Beispiel ist ein Hund, der droht, schnappt oder nach einer Person beißt, wenn diese ihn in bedrohlicher Weise (Situationseinschätzung aus Hundesicht) anfasst, während er auf einem von ihm gewählten Liegeplatz ruht.

3. Der Begriff **Verhaltensstörung** bezeichnet einen klinischen Zustand. Es handelt sich hierbei also um **krankhaftes Verhalten**. Die Einschätzung, ob eine Verhaltensstörung vorliegt, obliegt dem Tierarzt, der klären muss, welche Krankheit ursächlich zur Verhaltensauffälligkeit geführt hat. Im Rahmen von Verhaltensstörungen werden Verhaltensweisen gezeigt, die nicht in das Ethogramm (nicht-bewertender Katalog aller für Hunde bekannten und üblichen Verhaltensweisen) eines Hundes gehören, die in Bezug auf Dauer und Intensität **nicht situationsadäquat** gezeigt werden oder die auf Dauer **dem Überleben** des Individuums **entgegenstehen**. Gestörtem Verhalten liegt immer eine klinische Ursache zugrunde! Die gezeigten Verhaltensweisen basieren nicht auf etwaigen Trainings- oder Managementfehlern der Halter. Eine erfolgreiche Therapie mit dem Ziel der Heilung oder Problemlösung ist je nach Ursache nicht immer möglich.
Ein Beispiel ist der Hund, der unvermittelt seine Bezugsperson angreift, während diese sich mit dem Rücken zum Hund und in gewissem räumlichem Abstand zu ihm nach einem Handtuch bückt – etwa um ihm im Rahmen der normalen Tagesroutine die Pfoten abzutrocknen.

Im Folgenden werden nun einige **besonders häufige Problemverhaltensweisen** aufgeführt. Wenn Sie das Verhalten Ihres Hundes in den folgenden Beschreibungen wiederfinden, sollten Sie sich **Hilfe von einem Spezialisten** holen:

- Wenn es sich um Erziehungsprobleme handelt (der Hund ist ungehorsam oder beherrscht die Grundkommandos nicht, zeigt aber sonst keine Verhaltensauffälligkeiten), ist ein moderner, gut ausgebildeter, freundlicher und kompetenter **Hundetrainer** der richtige Ansprechpartner (siehe Seite 83).
- Wenn es hingegen um die Korrektur eines Problemverhaltens geht, sollte vor dem Trainings- bzw. Therapiestart auch eine medizinische Abklärung und bei Bedarf eine entsprechende Therapie erfolgen, da häufig Schmerzen und andere Erkrankungen ursächlich bei der Entstehung von Problemverhalten mit-

---

Hinweis

Echte Verhaltensstörungen sind vergleichsweise selten zu beklagen, wohingegen unerwünschtes Verhalten und auch einige Problemverhaltensweisen nicht selten den Alltag im privaten und öffentlichen Bereich mitbestimmen.

Aha!

Für die Beurteilung des Hundes ist im Fall eines Problemverhaltens eine genaue Analyse erforderlich. Diese umfasst ein detailliertes Gespräch mit dem Tierhalter, in dem der Therapeut alle bekannten Daten über das Tier, die Lebensumstände, die Vorgeschichte und die Entwicklung des Problems erhält, eine genaue Beurteilung des Hundeverhaltens allgemein (oder gegebenenfalls in der Problemsituation) und eine gründliche klinische Untersuchung.

beteiligt sind. Ein **Tierarzt mit besonderen Fachkenntnissen im Bereich Verhaltenstherapie** ist in diesem Fall der richtige Ansprechpartner. Ihr Haustierarzt wird Ihnen im Bedarfsfall sicher einen entsprechenden Kollegen nennen können.

Angst vor Menschen, Artgenossen oder Dingen

Viele Hunde leben in der ihnen vertrauten Umgebung ohne Stress und haben eine enge Beziehung zu den Menschen, bei denen sie leben und zu den ihnen vertrauten Artgenossen. Sie verhalten sich aber mitunter unsicher, ängstlich oder gar panisch im Kontakt mit fremden Personen oder Hunden, die sie auf dem Spaziergang treffen, oder wenn sie in eine fremde Umgebung kommen. Der häufigste Grund für eine derartige Verhaltensauffälligkeit ist **„mangelnde" Sozialisation und Habituation**, d.h. ein Erfahrungsmangel in Bezug auf vielfältige und positiv verlaufende Kontakte mit wechselnden Individuen und Umweltsituationen in der Welpenzeit. Neben weiteren Gründen (z.B. einer klini-

schen Erkrankung) können natürlich auch negative Erfahrungen bei der Problementstehung eine Rolle spielen.

Trennungsangst

Als Rudeltiere leiden Hunde besonders häufig unter sogenannter Trennungsangst. Viele bekommen Angst oder Panik, wenn sie alleingelassen werden und zeigen gegebenenfalls auch bei kurzen und nur geringen räumlichen Trennungen **Stressverhaltensweisen** wie z.B. starke Unruhe, Bellen, Jaulen, Winseln, Zerstören von Gegenständen, Verlust der Stubenreinheit, Erbrechen. Trennungsangst lässt sich auf unterschiedliche Ursachen zurückführen – unter anderem Erfahrungsmangel, Krankheitsphasen mit intensiver Rundum-Betreuung, traumatische Erfahrungen (Verlust der sozialen Gruppe, z.B. weil sie schon einmal ausgesetzt worden waren). Viele Trennungsangstpatienten „kleben" auffällig an ihrem Besitzer und verhalten sich unselbstständig. Die Panik, die die Tiere durchleiden, wenn sie allein gelassen werden, nimmt schnell tierschutzrelevante Ausmaße an, wenn die Tiere nicht behandelt werden.

Geräusch- und Gewitterangst

Angst oder Panik vor Schussgeräuschen, Verkehrslärm, Heißluftballons, lauten Haushaltsgeräten, dem Surren von fliegenden Insekten oder Gewitter ist bei Hunden weit verbreitet. Meist beginnt das Problem mit einem Geräusch und weitet sich dann immer mehr aus. Im Rahmen der hinzukommenden Angstverknüpfungen kann der Hund beginnen, Orte, Menschen oder Situationen, die er mit sei-

---

Hinweis

Einen Hund zu halten, der dauernd oder häufig unter Angst leidet, ist ein Tierschutzproblem. Hilfe ist dann dringend erforderlich! Vom Leiden des Hundes in den Angstmomenten einmal abgesehen, stellt Angst zudem die häufigste Ursache für die Entstehung von Aggressionsproblemen dar. Auch vor diesem Hintergrund ist ängstliches Verhalten eines Hundes in jedem Fall therapiewürdig.

ner Angst in Verbindung bringt, zu meiden. Bei der Gewitterangst spielt neben den Geräuschen auch die Veränderung des Luftdrucks eine große Rolle. Geräusch- und Gewitterangst kann auch bei Hunden auftreten, die viele Jahre lang sorgenfrei mit diesen Reizen umgehen konnten.

Aggression gegenüber Menschen oder Artgenossen

Zeigt ein Hund gegenüber Artgenossen oder Menschen Aggressionsverhalten, ist dies kein Kavaliersdelikt. Grundsätzlich sind Hunde mit Aggressionsverhalten in unserer Gesellschaft nicht gerne gesehen. Je nach Ausprägung der Beiß-

Solche Szenen erregen die Gemüter.

Hinweis

Anders als man es vielleicht im ersten Impuls wahrnimmt, sind Drohverhaltensweisen wie Knurren oder Zähneblecken „positive" Eigenschaften. Hunde, die Drohverhalten zeigen, sind leicht lesbar und somit „sicherer".

hemmung (siehe Seite 30) ist die Haltung eines aggressiven Tieres eventuell aber auch ernsthaft gefährlich, sodass im Umgang mit dem Hund bestimmte **Sicherheitsvorkehrungen** (Einsatz von Leine und Maulkorb) getroffen werden müssen. Die Gründe für das Entstehen eines Aggressionsproblems sind vielfältig und sollten genau wie die Gefahreneinschätzung von einem Spezialisten abgeklärt werden. Dieser kann auch eine Prognose aufstellen und beurteilen, ob und wie das Problem zu therapieren ist.

Es ist aus Gründen der Gefahrenprophylaxe wichtig, sich einem drohenden Hund nicht zu nähern oder ihn für sein Verhalten zu maßregeln. Dies bedeutet aber selbstverständlich nicht, dass das Verhalten als „der ist eben so" hinzunehmen ist und man, wenn es den eigenen Hund betrifft, einfach Däumchen drehen kann. Am

Aha!

Neben dem normalen – im Kontext einer Situation eingesetzten – Aggressionsverhalten kann Aggression auch als Verhaltensstörung auftreten. Dies bedarf einer genauen medizinischen Abklärung. Manche Fälle können erfolgreich auf medizinischer Basis therapiert werden.

Aggressionsproblem muss durchaus gearbeitet werden – nur eben nicht im Affekt, sondern wohlüberlegt und nach Abklärung der Ursachen. Auch hier ist wieder die Kontaktaufnahme zu einem spezialisierten Tierarzt zu empfehlen. Mit Hilfe des von ihm aufgestellten Therapieplans kann das Problem dann in **fachgerechter Art** angegangen und in vielen Fällen gelöst und somit wieder aus der Welt geschafft werden.

Jagdverhalten

Hunde sind und bleiben Jagdraubtiere! In den einzelnen Zuchtrichtungen wurde in der Jagdhandlungskette auf unterschiedliche Details Wert gelegt, sodass Hunde bezogen auf das Jagdverhalten unterschiedliche Verhaltensweisen zeigen. „Jagen" bedeutet übrigens nicht zwangsläufig, Wild zu verfolgen. Starkes Interesse an Gerüchen oder Bewegungen sind ebenfalls Jagdhandlungen! Die Jagdpassion ist individuell unterschiedlich stark ausgeprägt. Dies spiegelt sich im Alltag wider. Ein **frühes Prophylaxetraining** und eine **intensive Schulung guten Gehorsams** helfen, ein Jagdproblem erst gar nicht entstehen zu lassen. In diesem Punkt oder bei der Therapie eines bereits bestehenden Jagdproblems ist ein auf Verhaltenstherapie spezialisierter Tierarzt oder ein moderner, gut ausgebildeter Trainer der richtige Ansprechpartner. Dies gilt speziell, wenn die Tendenz, auf Bewegungsreize zu reagieren, auch auf Reize wie rennende Kinder, Jogger, Radfahrer, Reiter oder Autos ausgeweitet wird. Von diesen Verhaltensweisen geht stets eine besondere Gefahr aus.

Weitere Problemverhaltensweisen

Die Palette an Problemverhaltensweisen ist lang und würde alleine bei der jeweiligen Zusammenfassung des Problems den Rahmen dieses Buches sprengen. Daher an dieser Stelle nur ein Hinweis: Wenden Sie sich an Ihren Tierarzt oder an einen auf Verhaltenstherapie spezialisierten Tierarzt, wenn Ihr Hund stereotype Bewegungen zeigt, Probleme im häuslichen Sauberkeitstraining aufweist, das Autofahren nicht verträgt, Störungen im Sexualverhalten, im Bereich der Nahrungsaufnahme oder eine der oben angesprochenen Problemverhaltensweisen zeigt. Die Therapie der Problematik erleichtert nicht nur Ihnen das Leben – sie macht auch das Leben Ihres Vierbeiners erst wieder richtig lebenswert!

Hund und Recht

Für die Haltung und den Umgang mit Hunden gibt es eine Vielzahl von Vorschriften, Gesetzen und Verordnungen.

Es ist die Pflicht eines jeden Hundehalters, sich über die Bestimmungen eigenständig zu informieren und diese einzuhalten.

Im öffentlichen Bereich gelten aber natürlich auch allgemeine Regeln in Bezug zur Höflichkeit, Rücksichtnahme und Gefahrenprophylaxe, deren Einhaltung im Grunde keine speziellen Fachkenntnisse, sondern den Einsatz des gesunden Menschenverstandes erfordert.

Allgemeine Verhaltensregeln

Wer einen Hund hält, ist für dieses Tier verantwortlich. Zum einen hat er sich um das Wohlbefinden des Tieres zu kümmern, zum anderen muss der Hundehalter aber auch dafür einstehen, was sein Hund tut – und zwar sowohl im privaten als auch im öffentlichen Bereich.

Es ist eine Pflicht der Hundehaltung darauf zu achten, dass der Hund **keine Schäden verursacht**. Vor allem im öffentlichen Bereich gilt es, neben der Vermeidung realer Schäden (Anspringen, Umwerfen, Beißen) auch gängige **Höflichkeitsregeln** im Um-

gang mit Hundehaltern und Nicht-Hundehaltern einzuhalten:

- Berücksichtigen Sie im täglichen Miteinander, dass andere Menschen mit Ihrem Hund nicht vertraut sind und sich vielleicht unbehaglich fühlen, wenn er sich ihnen nähert. Halten Sie Ihren Hund daher bei **Begegnungen mit Menschen** stets unter Kontrolle und lassen Sie nur Kontakte zu, wenn diese erwünscht sind und Ihr Hund verträglich und ausreichend gut erzogen ist.
- Ähnliches gilt auch für **Begegnungen mit Artgenossen**: Klären Sie mit dem anderen Hundehalter im Vorfeld, ob die Tiere kontrolliert aneinander vorbeigeführt werden sollen oder ob sie sozial aufgeschlossen und freundlich sind und sich kennenlernen dürfen. Beachten Sie in diesem Fall die Umstände der Situation. Spielkontakte an der Leine sind aus „Verstrickungsgründen" – genau wie Freilauf an der Straße aufgrund möglicher Gefahrensituationen – sehr riskant. In einem Freilaufgebiet hingegen können mitunter tolle Hundefreundschaften geschlossen und dann ausgiebige Tobereien veranstaltet werden.

Hunde dürfen nicht überall frei laufen.

An folgenden Stellen müssen Sie Ihren Vierbeiner immer an der Leine führen – nicht zuletzt auch zu seiner eigenen Sicherheit:

- auf Sportplätzen,
- in der Nähe von und in Kindergärten,
- in der Nähe von und auf Schulgeländen,
- beim Passieren von Kinderspielplätzen,
- in öffentlichen Gebäuden,
- in Restaurants,
- in Einkaufszentren,
- beim Passieren von Bauernhöfen oder Reitbetrieben,
- an befahrenen Straßen,
- auf Bahnhöfen,
- in städtischem Gebiet,
- im Naturschutz- und Erholungsgebiet.

Als Hundehalter haben Sie die Pflicht, die **Hinterlassenschaften** Ihres Hundes umgehend aufzunehmen – auch im Wald, auf Wiesen oder Feldern und unabhängig davon, ob Sie Ihren Hund freilaufend oder angeleint führen.

Ein weiterer sehr wichtiger Punkt ist die **Kontrolle der Jagdpassion.** Es liegt in Ihrer Verantwortung, dass Ihr Hund nicht wildert oder in Wald und Flur freilaufend den Weg verlässt. Aber auch beim bloßen Toben abseits des Weges oder beim Buddeln in einem bestellten Feld können Schäden an den Ackerfrüchten entstehen oder Wildtiere durch die Stressbelastung nachhaltig geschädigt werden. All dies gilt es in verlässlicher Art zu vermeiden.

Gefahrenprophylaxe

Sinn und Zweck des Niedersächsischen Gesetzes über das Halten von Hunden, an dem sich die Inhalte dieses Buches orientieren, ist die Gefahrenprophylaxe in Bezug auf die Haltung und das Führen von Hunden.

Gefahren im Umgang mit Hunden können sich auf vielfältige Weise ergeben. Im Vordergrund stehen jedoch Beißunfälle und unkontrolliertes Verhalten, durch das andere Menschen oder Tiere zu Schaden kommen.

Durch eine artgerechte Haltung (inkl. Unterbringung, soziale Einbindung, körperliche und geistige Beschäftigung, regelmäßige Gesundheitskontrolle), Erziehung und kontrollierte und problembewusste Führung könnte die überwiegende Mehrzahl der statistisch zu beklagenden Beißvorfälle und Unfälle anderer Art verhindert werden. Im Folgenden soll der Blick auf einige besondere Gefahrenpunkte gerichtet werden.

Privates Miteinander

Die meisten Beißunfälle ereignen sich im privaten Rahmen. Familienmitglieder oder Freunde und Bekannte der Familie stellen die häufigsten Opfer dar. Dieser traurigen Wahrheit liegt vor allem ein Fachkenntnismangel in

> **Hinweis**
> Kommunale Regelungen können gegebenenfalls von den allgemeingültigen Haltungsregeln abweichen. Erkundigen Sie sich daher stets, was in Ihrer Stadt erlaubt ist und wo ggf. Freilauf für Ihren Hund möglich ist.

Kein Hund sollte draußen fremde Menschen belästigen.

Bezug auf die Bedürfnisse des Hundes zu Grunde. Hunde werden von ihren Haltern gerne als Familienmitglied betrachtet. Dies entspricht zwar ihrer sozialen Ausrichtung, jedoch wird hierbei übersehen, dass für dieses „fremdartige" Familienmitglied mitunter andere biologische Gesetze gelten. Der Hund nimmt seine Welt zwangsläufig aus Hundesicht wahr und interpretiert Situationen dementsprechend anders als wir Menschen.

Gefahrenprophylaxeregel Nr. 1:
Hunde sollten **nicht** unvorbereitet **körperlich bedrängt** oder gar als „Spielzeug" missbraucht werden. Das individuelle Maß an „Gutmütigkeit" und „Geduld" von Hunden ist eng an ihre Vorerfahrung und nicht zuletzt auch an ihre genetische Ausstattung gebunden. Hunde haben eigene Bedürfnisse, denen in der Haltung allumfänglich Rechnung getragen werden muss. Hierzu zählt auch, ihre körperliche Individualdistanz bzw. ihr Streben nach körperlicher Unversehrtheit zu berücksichtigen und zu respektieren.
Merke: Hunde empfinden körperliche Einschränkungen und Berührungen, speziell wenn diese von oben erfolgen, plötzlich ausgeführt werden oder wenn es sich um (möglicherweise) schmerzhafte Manipulationen handelt, als Bedrohung. Es entstehen schnell Stress und Angst, was der Hund mit Aggression beantworten kann (siehe Seite 38).

Gefahrenprophylaxeregel Nr. 2:
Ranganmaßende Gesten oder gar die Anwendung von Strafmaßnahmen von untergeordneten Familienmitgliedern dem Hund gegenüber sind zu vermeiden. Hunde halten sich bereitwillig an die Regeln einer familiären Rangordnung, jedoch unterliegt diese aus Hundesicht anderen Regeln, als wir Menschen vielleicht glauben. Durch **Kommunikationsmissverständnisse** können leicht Gefahrenmomente entstehen. Rangstärke ist weder an die Zugehörigkeit zu einer Art gebunden, noch kann sie am Alter des Individuums abgelesen oder gar durch körperliche Gewalt erzwungen werden.

Rangstärke wird nur durch eine souveräne Ausstrahlung vermittelt. Die **Charaktereigenschaften eines „Rudelführers"** sind beispielsweise, in jeder Situation Herr der Lage zu sein, den Überblick zu haben, Probleme abwenden zu können und in gewaltfreier Art Führung vorzugeben. Indirekt wird hierdurch jedoch klar, dass Babys, Kleinkinder oder kleine Kinder in der Rangordnung niemals über einem Hund stehen können.
Merke: Die Gefährlichkeit eines Hundes steht und fällt nicht mit der möglichen Höhe seiner Rangposition, sondern damit, dass alle Beteiligten sich an die Rechte und Pflichten halten, die mit dieser Rangposition einhergehen. Ranganerkennung durch den Hund kann man als Mensch nur durch souveränes Auftreten und Handeln erlangen.

Gefahrenprophylaxeregel Nr. 3:
Kinder sollten **niemals unbeaufsichtigt** mit dem Hund allein gelassen werden. Beim gegenseitigen Miteinander tendieren beide Parteien mangels besseren Wissens pauschal dazu, die Regeln, die im Umgang mit ihresgleichen gelten, auf das Gegenüber anzuwenden.
Merke: Kinder und Hunde sollten gleichermaßen darin geschult werden, mit dem andersartigen Sozialpartner in höflicher Art umzugehen. Da sich Kinder anders verhalten als Erwachsene, ist es für einen stressfreien Umgang wichtig, dass der Hund mit diesen Details vertraut ist. Die Weichen hierfür werden im Grunde schon in der Welpenzeit im Rahmen der Sozialisation gestellt (siehe Seite 25).

Gefahrenprophylaxeregel Nr. 4:
Hunde sollten **artgerecht gepflegt**
und keinen vermeidbaren Stressfaktoren ausgesetzt werden. Chronischer
Stress (gleichwohl welcher Art) ist für
Hunde schädlich. Im Stress reagieren
Hunde häufig affektgesteuert und impulsiv. Je nach erlernter Beißhemmung können hierdurch Gefahrenmomente entstehen. Eine wesentliche
Rolle kommt hierbei dem allgemeinen
körperlichen Wohlbefinden inklusive
einem fachgerechten Gesundheitsmanagement zu. Verhaltensänderungen,
wie etwa körperlichen Berührungen
auszuweichen, mehr oder tiefer zu
schlafen, Änderungen im Fress- oder
Versäuberungsverhalten, Ablehnung
gegen Kälte oder Hitze etc., sind wichtige Hinweise. Schmerzen oder andere
Krankheiten sind die häufigste Ursache, wieso ein bislang „braver" Hund
im Zustand von Unwohlsein scheinbar
„plötzlich" zubeißt.
Merke: Hunde „sagen" uns nicht,
wenn sie sich unwohl fühlen, weil sie
gestresst oder krank sind – aber sie
zeigen es uns! Auch kleinen Veränderungen sollte hierbei stets Bedeutung
geschenkt werden. Nur durch die Beobachtung und eine fachgerechte
(neutrale) Interpretation kann man
die Motivationslage und Handlungsabsichten des Hundes deuten (siehe
Seite 34).

Gefahrenprophylaxeregel Nr. 5:
Der Hund sollte auf alle Details, die
ihm im Leben begegnen werden, frühzeitig **im Training vorbereitet** werden. Unvorhergesehenes führt schnell
zu Stress und Affekthandlungen.
Merke: Unvermeidbare Situationen,
auf die der Hund (noch) nicht vorbereitet ist, sollten vorausschauend mittels geeigneter Managementmaßnahmen kontrolliert werden. In solch einem Fall ist auch die Anwendung von
Hilfestellungen gleich welcher Art erlaubt, denn es ist ein wichtiges Ziel,
dass der Hund gar keine Chance bekommt, unerwünschte Handlungen zu
zeigen. Auf diese Weise muss man ihm
später auch keine Marotten wieder abgewöhnen (siehe Seite 69).

Das öffentliche Leben

Im öffentlichen Bereich gibt es grundsätzlich eine unüberschaubare Vielzahl
potentieller Gefahrenmomente. Dennoch gestaltet sich das Führen eines
Hundes im öffentlichen Bereich nicht
so kritisch, wie es nun zunächst vielleicht klingt. Hunde sind aufgrund ihrer großen Lernwilligkeit und Anpassungsfähigkeit vergleichsweise leicht
an teils sehr stressreiche Situationen
heranzuführen. Eine wesentliche Rolle
spielt hierbei jedoch die individuelle
Vorbereitung.

Gefahrenprophylaxeregel Nr. 6:
**Vorausschauendes Handeln und
eine souveräne Führung sind die
Grundqualitäten,** die jeder Hundehalter seinem Hund zuliebe beherrschen sollte. Einer Situation auch
einmal auszuweichen, wenn diese
noch zu schwierig erscheint, oder
dem Hund die erforderliche Hilfestellung zukommen zu lassen, damit
er der Situation gewachsen ist, zahlt
sich aus.
Merke: Es ist mehr eine Pflicht als
eine Schande, dem Hund die Unterstützung zukommen zu lassen, die er

zur schadlosen Meisterung einer Situation (noch) benötigt. Ein höherer Leistungsanspruch, der für die Zukunft vielleicht besteht, kann nur durch ein geeignetes Training inklusive ausreichender Generalisierungsübungen erreicht werden.

Gefahrenprophylaxeregel Nr. 7: Eine solide Grunderziehung ist für jeden Hund zu fordern. Es ist die Pflicht eines jeden Tierhalters, sein Tier in artgerechter Art und Weise so zu führen und zu halten, dass niemand anderem hierdurch ein Schaden entsteht. Bei Hunden betrifft dies sowohl den Umgang mit Menschen als auch Kontakte mit Artgenossen oder anderen Tierarten. Wenn die Erziehungsarbeit noch nicht so weit fortgeschritten oder eine bestimmte Situation für den aktuellen Trainingsstand oder das Naturell des Hundes zu anspruchsvoll erscheint, gilt es den Hund in kontrollierter (und konzentrierter) Art an der Leine zu halten.
Merke: Um eine bereits trainierte Leistung auch unter Ablenkungen zuverlässig abrufen zu können, sind etliche Generalisierungen erforderlich. Übungen zur Generalisierung sollten nach Umsetzung der Trainingsaufbauübung in den Lehrplan aufgenommen werden.

Gefahrenprophylaxeregel Nr. 8: Das **Maß der Freiheit**, die einem Hund gewährt werden kann, muss dem Trainingsstand und dem Grad der Ablenkung in einer konkreten Situation angepasst sein. Auch im Freilauf sollte der Hund also stets **unter sicherer Kontrolle** seines Halters bleiben.

Um dies zu gewährleisten ist einiges an Erziehungsarbeit erforderlich.
Merke: Speziell das Rückrufkommando sollte intensiv trainiert werden, um den Hund in jedem Moment von verleitenden Reizen abrufen zu können. Im Trainingsaufbau ist es wichtig, den Hund im Freilauf zur reinen Schulung des Verhaltens häufig in problemfreien Momenten (also „nur zum Spaß") heranzurufen und prompten Gehorsam stets mit einer wertvollen Belohnung zu „bezahlen". In kritischen Momenten gilt die Regel: Lieber einmal mehr die Leine eingesetzt und Konzentration verlangt, als einen Zwischenfall billigend in Kauf zu nehmen.

Gefahrenprophylaxeregel Nr. 9: Hunde sind **im Straßenverkehr** stets zu **sichern.** Zu leicht entstehen sonst unkontrollierte Situationen, durch die auch unbeteiligte Dritte zu Schaden kommen können. Die Kontrolle bezieht sich sowohl auf das Führen des Hundes im Stadtbereich als auch auf die Mitnahme des Hundes in Verkehrsmitteln. Im ersten Fall herrscht eine allgemeine Leinenpflicht, die Leine ist allerdings nur die halbe Miete. Eine gute Führung zeichnet sich durch **echte Kontrolle** aus. Den Hund in schwierigen Ablenkungssituationen unter Konzentration zu halten ist daher immer das erstrebenswerte Ziel. Anfangs kann jedoch auch hier reines Ablenken eine gewinnbringende Maßnahme sein. In Verkehrsmitteln sind spezielle Regeln einzuhalten. In Autos ist es generell Pflicht, den Hund gesichert zu transportieren. In anderen Verkehrsmitteln ist ggf. auch die Sicherung durch einen Maulkorb erforderlich.

Merke: Wenn der Hund Verkehrsteilnehmer ist, sollte er darauf ausreichend vorbereitet sein und mit dem eingesetzten Material – wie Leine, Aufenthalt in einer Transportbox, Anschnallgurt im Auto, Maulkorb ...) bereits im Vorfeld vertraut gemacht worden sein.

Überprüfen Sie Ihr Wissen: Auf den Seiten 86/87 finden sie einige kritische Situationen und deren Lösungen.

Rechtsvorschriften

In Deutschland obliegt es den Ländern, Verordnungen oder Gesetze zur Gefahrenabwehr zu erlassen. Hieraus ergibt es sich leider, dass viele uneinheitliche Regelungen in Bezug auf die Hundehaltung existieren. Eine Übersicht über die einzelnen Verordnungen und über die aktuellen Gesetze finden Sie im Internet.

Weitere **gesetzliche Bestimmungen**, die Hunde betreffen, finden sich
• im Grundgesetz,
• im Tierschutzgesetz,
• in der Tierschutz-Hundeverordnung,
• in der Tollwutverordnung,
• im Gesetz zur Beschränkung des Verbringens oder der Einfuhr gefährlicher Hunde in das Inland sowie einer dazugehörigen Verordnung und in der Straßenverkehrsordnung.

Außerdem gibt es **kommunale Regelungen**, die beispielsweise die Hundesteuer betreffen. Auf den Tierhalter

sind natürlich darüber hinaus die Regelungen des Strafrechts, Ordnungswidrigkeitenrechts und Zivilrechts anwendbar.

Eine Übersicht über alle Gesetzestexte finden Sie hier: **www.gesetze-im-internet.de**

Licht im Paragrafendschungel

Hier ein ganz kurzer Überblick, der jedoch ein genaueres Studium der oben erwähnten Bestimmungen keineswegs ersetzen soll!

Grundgesetz: Auch der Schutz von Tieren wird durch den Staat bzw. die deutsche Rechtsprechung geregelt.

Tierschutzgesetz: Der Zweck dieses Gesetzes ist der Schutz des Lebens und des Wohlbefindens von Tieren, die als Mitgeschöpfe des Menschen benannt werden. Es ist verboten, Tieren ohne vernünftigen Grund Schmerzen, Leiden oder Schäden zuzufügen. Tiere müssen in artgerechter Weise versorgt, untergebracht und ausgebildet werden. Dies betrifft die medizinische Versorgung, Ernährung, Pflege, Bewegung und Beschäftigung. Hier ist auch das generelle Kupierverbot (mit einer Ausnahme für jagdlich geführte Hunde, bei denen im Einzelfall die Rute kupiert werden darf) geregelt, auf dessen Basis auch das Halten und das Verbringen eines kupierten Hundes ins Inland verboten ist. Seit August 2013 ist im Tierschutzgesetz auch geregelt, dass gewerbsmäßig tätige Hundetrainer einer speziellen behördlichen Genehmigung bedürfen.

Tierschutz-Hundeverordnung: Hier sind alle Regelungen festgehalten, die die Zucht bzw. die Haltung und Unterbringung von Hunden betreffen. Die

Regelungen beziehen sich auf den Auslauf, die Unterbringung im Freien und in Räumen, auf die Bereitstellung von Sozialkontakten. Sie erstrecken sich bis zum Ausstellungsverbot für kupierte Hunde.

Tollwutverordnung: Die Tollwutverordnung bezieht sich auf das Tierseuchenrecht. Tollwut ist eine für Menschen tödlich verlaufende und daher anzeigepflichtige Erkrankung. In Deutschland besteht eine indirekte Impfpflicht, denn es ist verboten, ungeimpfte und nicht entsprechend gekennzeichnete Hunde außerhalb der Wohnung bzw. des sicher eingezäunten Grundstücks frei laufen zu lassen. Hier gibt es auch keinen Spielraum für Diskussionen – ein Hund wird umgehend getötet, wenn der bloße Verdacht besteht, dass er mit einem tollwütigen Tier in Kontakt kam und keine Impfung nachgewiesen werden kann. Im anderen Fall wird der Hund eingezogen und in Quarantäne genommen.

Straßenverkehrsordnung: In der Straßenverkehrsordnung ist neben der allgemeinen Sorgfaltspflicht, die für das Führen des Hundes im Verkehr gilt, unter anderem auch geregelt, dass Hunde nicht von einem Kraftfahrzeug aus geführt werden dürfen, und dass sie in Fahrzeugen stets gesichert zu transportieren sind.

Abfallgesetz: Der Hundehalter ist grundsätzlich für die umgehende und geordnete Entsorgung des von seinem Hund abgesetzten Kotes verantwortlich. Hierbei spielt es keine Rolle, wo der Kot abgesetzt wurde.

Weitere Regelungen

EU-Heimtierpass: Den EU-Heimtierpass erhält der Hund, wenn er mit einem ISO-Mikrochip (Transponder) gekennzeichnet wurde. In diesem Dokument werden auch die erfolgten Impfungen eingetragen. Der EU-Heimtierpass ist somit eine Kombination aus Impfausweis und Reisepass. Bei Reisen ins Ausland bzw. bei der Rückkehr mit dem Tier nach Deutschland ist dieses Dokument unerlässlich. Hinweis: Jedes Land hat seine eigenen Einreisebestimmungen, an die man auch gebunden ist, wenn man mit dem Tier nur auf Durchreise ist (siehe www.reisen-mit-Hund.org).

Tierhalterhaftung: Der Tierhalter kann grundsätzlich für sämtliche Schäden haftbar gemacht werden, die sein Tier anrichtet – auch wenn der Schaden ausdrücklich ohne sein persönliches Verschulden entstanden ist. Die Tierhalterhaftung ist eine Spezialform der Gefährdungshaftung. Sie nimmt Bezug auf die spezifische Tiergefahr, die eintritt, wenn das Tier unberechenbar reagiert. Die Haltereigenschaft im Sinne der Rechtsprechung definiert sich hier nach der Sachherrschaft über das Tier und dem eigenen Interesse an der Verwendung bzw. Gesellschaft des Tieres. Sie ist unabhängig vom Eigentum.

Generelle Gefahrabwehr

Die Gefahrabwehr ist auf **Landesebene** geregelt. Daher ergibt sich für Deutschland eine unübersichtliche Situation mit inhaltlich sehr unterschiedlichen *Landeshundegesetzen und Verordnungen*. Mit dem neuen *Niedersächsischen Gesetz über das Halten von*

Hunden ist erstmalig ein Gesetz erlassen worden, in dem der Hundehalter seine Sachkunde tatsächlich in Theorie und Praxis unter Beweis stellen muss und zwar unabhängig von der Rasse oder Größe seines Hundes.

Auch auf **Bundesebene** gibt es Gesetze, die der **Gefahrenabwehr** dienen sollen. Die für die Hundehaltung bindenden Vorgaben sind im *Gesetz zur Beschränkung des Verbringens oder der Einfuhr gefährlicher Hunde in das Inland* sowie in der *Verordnung über Ausnahmen zum Verbringungs- und Einfuhrverbot von gefährlichen Hunden in das Inland* geregelt. Hier finden sich auch einige Details, die die Zucht mit sogenannten gefährlichen Hunden betreffen. Als gefährliche Hunde im Sinne dieses Gesetzes gelten die Rassen Pitbull-Terrier, American Staffordshire-Terrier, Staffordshire-Bullterrier, Bullterrier und deren Kreuzungen.

Zudem ist in einigen Bundesländern die Haltung weiterer Rassen mit bestimmten Auflagen (z. B. Sachkundenachweis NRW) oder Einschränkungen (z. B. Leinen- und Maulkorbpflicht) belegt.

Hinweis

Im Niedersächsischen Gesetz über das Halten von Hunden ist festgelegt, dass **jeder Hund**, der älter als sechs Monate alt ist, mit einem **Mikrochip** gekennzeichnet sein muss und der Tierhalter eine gültige **Tierhalterhaftpflichtversicherung** für dieses Tier abgeschlossen haben muss. Ähnliche Bestimmungen gibt es auch in anderen Bundesländern. Manchmal beziehen sich die Auflagen aber nur auf spezielle Rassen und deren Kreuzungen oder die Größe und das Gewicht von Hunden. Informieren Sie sich stets über den aktuellen Stand der Rechtsvorschriften, wenn Sie mit Ihrem Hund reisen oder einen Umzug planen. Nicht immer werden Prüfungen oder Gutachten in den anderen Bundesländern generell anerkannt. Beachten Sie auch mögliche Vorschriften wie Leinen- oder Maulkorbpflicht, wenn Sie mit Ihrem Hund im öffentlichen Gebiet unterwegs sind.

Wie würden Sie entscheiden?

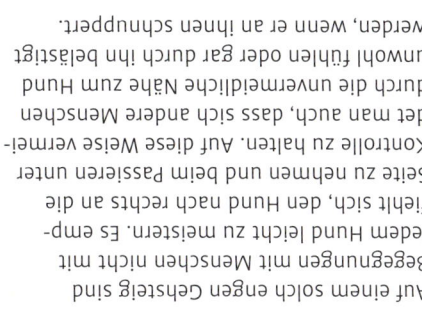

Was ist hier zu tun?

Auf einem solch engen Gehsteig sind Begegnungen mit Menschen nicht mit jedem Hund leicht zu meistern. Es empfiehlt sich, den Hund nach rechts an die Seite zu nehmen und beim Passieren unter Kontrolle zu halten. Auf diese Weise vermeidet man auch, dass sich andere Menschen durch die unvermeidliche Nähe zum Hund unwohl fühlen oder gar durch ihn belästigt werden, wenn er an ihnen schnuppert.

Unbeschwertes Glück?

Das Kind liebt diesen Hund offensichtlich sehr und möchte es ihm gerne zeigen. Der Hund jedoch drückt durch seine Kör-perhaltung, das Kopfabwenden und das Hecheln aus, dass er sich unwohl fühlt. Die enge Umarmung ist eine ranganma-ßende Geste. Solche Kommunikationsmiss-verständnisse können auch zu aggressiver Gegenwehr führen.

Häusliche Gemütlichkeit?

Hund und Kind sind in dieser Szene nicht im Einklang miteinander. Das Kind belästigt den Hund, indem es ihn mit dem Fuß "streichelt". Nicht jeder Hund kann dies mit Fassung ertragen, vom fehlenden Wohlbe-finden des Tieres ganz zu schweigen. Um Probleme zu vermeiden, sollten Kinder angeleitet werden, sich dem Tier gegenüber in artgerechter und respektvoller Weise zu verhalten.

Ein tolles Dreigespann?

Dieses Team ist nicht zu halten! Jeder der beiden Hunde wiegt etwa dreimal so viel wie der Junge. Um einen Hund sicher führen zu können, spielt auch die körperliche Überlegenheit eine gewisse Rolle. Wenn die Kräfteverhältnisse unausgewogen sind, kommt man aus Sicherheitsgründen nicht um Hilfsmaßnahmen (z.B. den Einsatz eines Kopfhalters) herum. Dies gilt natürlich für erwachsene Personen gleichermaßen.

Zwei, die sich gut verstehen?

Diese beiden scheinen sich sympathisch zu sein und wollen miteinander toben. Spielkontakte an der Leine sind jedoch problematisch, weil schnell unerwünschte Engsituationen entstehen. Besser ist es, die Hunde kontrolliert, d.h. konzentriert und mit ein wenig Abstand, aneinander vorbei-zuführen oder im Einvernehmen mit dem anderen Halter und wenn es die Situation erlaubt, ohne Leine toben zu lassen.

Braver Hund?!

Der Hund drückt hier durch seine Körper-sprache Stress und Ängstlichkeit aus. Dies ist seine Antwort auf die Ausstrah-lung des Menschen (z.B. wenn sich dieser vorher geärgert hat) oder eine Reaktion auf dessen bedrohliche Körpersprache. Vorsicht ist geboten, denn gestressten Hunden unterlaufen in Gehorsamsübungen mehr Fehler, da die Konzentrationsfähigkeit eingeschränkt ist. Schnell entsteht so ein Teufelskreis!

Grunderziehung –
so geht's

Basisübungen – für Anfänger

Im Folgenden finden Sie die Trainingselemente des Grundgehorsams aufgeführt, die jeder Hund beherrschen sollte. Um sofort mit den Übungen starten zu können, ist hier jeweils der **erste Lernschritt** beschrieben.

Mit den Plänen ab Seite 115 und dem kostenlosen Download von der Seite www.ulmer.de/skn können Sie für Ihren Hund einen individuellen Trainingsplan (auch auf fortgeschrittenem Niveau) zusammenstellen.

Diese **prüfungsrelevanten Basisübungen** sind die Säulen einer sachkundigen Hundehaltung und -führung, durch die das tägliche Zusammenleben mit dem Hund vereinfacht wird. Ziel ist es, dass der Hund bereitwillig und freudig Folge leistet, sobald ihm diese Übungen angesagt werden. Die Übungen dienen aber nicht nur der Vereinfachung des privaten Miteinanders, sondern auch der Gefahrenprophylaxe im öffentlichen Bereich.

> **Hinweis**
> Je weniger Sie mit dem Hund „reden", desto leichter kann er den für ihn wichtigen Signalen seine volle Aufmerksamkeit schenken.

tion, Handlung, einem Individuum oder einer Konsequenz zu **verknüpfen**. Als Mensch ist man geneigt, Sprache auch im Trainingsaufbau als „Erklärung" einzusetzen – das bringt den Hund jedoch nicht weiter. Bedenken Sie, wie „hilfreich" es für Sie selbst ist, wenn jemand in einer fremden Sprache auf Sie einredet, um Ihnen etwas zu erklären … In der Hundehaltung ist es ein Trainingsziel, dem Tier die Bedeutung einiger wichtiger Worte beizubringen, um es leichter führen zu können. Dies gelingt umso besser, wenn der Vierbeiner diese Worte bzw. Wortsignale gut aus dem restlichen Wust menschlicher Sprache heraushören kann. Benutzen Sie daher für jedes Signal stets das gleiche Wort und einen jeweils charakteristischen Tonfall.

Bindungselement Sprache

Für Hunde ist die menschliche Sprache nicht in ihrer Bedeutungsfülle nachvollziehbar. Sie können aber die Bedeutung einzelner Worte und gegebenenfalls auch ganzer Sätze lernen. Bei diesem Lernen spielen die Worte selbst für den Hund kaum eine Rolle. Er lernt den **Klang der Worte** mit einer Situa-

Lobwort

Als Lobwort bezeichnet man ein Wortsignal, das den Hund in freudige Stimmung versetzen soll. Um dies zu erreichen, ist ein spezielles Training nötig, denn in der Hundekommunikation

Viele Kommandos können sowohl als Sicht- als auch als Hörzeichen trainiert werden.

gibt es keinen vergleichbaren Laut, der dem Hund so etwas wie „gut gemacht" vermitteln würde.

Übungsaufbau Lobwort

Die Bedeutung des Lobworts (z. B. JAWOHL, BRAV, FEIN, GUT SO, PRIMA) wird dem Hund idealerweise über eine **klassische Konditionierung** vermittelt (siehe Seite 64). Der Aufbau des Lobwortes entspricht somit der Clickerkonditionierung (siehe Seite 67).

Sprechen Sie das von Ihnen gewählte Lobwort in einem freudigen Tonfall aus – möglichst so, wie Sie bei einer absoluten Glanzleistung Ihres Hundes reagieren würden – und stecken Sie ihm direkt danach ein schmackhaftes Leckerchen zu. Wiederholen Sie dies etwa 15 Mal hintereinander.

Wenn das Lobwort so aufgebaut wurde, kann es im Alltag und im Training als **positiver Verstärker** eingesetzt werden. Denken Sie daran, dass dieser Verstärker (positive Belohnung) beim Hund auch wirklich das Gefühl von Freude auslösen muss. Nur dann

> **Hinweis**
>
> Das Lobwort ist ein sogenannter sekundärer Verstärker. Das bedeutet, es ist für den Hund nicht lebenswichtig – er muss dessen Bedeutung erst lernen.

Hinweis

Wer nicht so gerne in höchsten Tönen in der Öffentlichkeit quietscht, muss dies auch beim Aufbau des Lobwortes nicht tun. Ihr Hund lernt in dieser Verknüpfungsübung, wie Sie sich freuen und was Ihr Lobwort bedeutet.

ist der Hund bereit, die angelobte Handlung in Zukunft wieder zu zeigen (siehe Seite 61 ff.).

Zwei Dinge müssen daher beim Trainingsaufbau beachtet werden: Der Primärverstärker (z. B. Futter), der zur Kopplung verwendet wird, muss aus Hundesicht ausgesprochen **wertvoll** sein und die Kopplung an das Lobwort muss ausreichend **häufig** erfolgt sein.

Zwei Ansätze sind im Training bzw. Alltag sinnvoll, um nichts von der positiven Wirkung des Lobwortes einzubüßen: Lassen Sie dem Lobwort nicht nur zum Aufbau, sondern im Training **langfristig** (oder zumindest möglichst häufig) leicht zeitversetzt einen Primärverstärker folgen. Auf diese Weise wird die Wirkung des Lobwortes immer stärker, denn das Gefühl von Freude wird in Bezug zum zunächst ganz neutralen Wort ausgebaut und gesteigert. Wenn dann in bestimmten Momenten auch einmal nur das Lobwort eingesetzt wird, ist das für den Leistungsausbau kaum ein Einbruch. Wenn dies jedoch häufiger passiert, schwächt sich die Wirkung des Lobwortes auch wieder ab. Hier setzt der zweite Ansatz an: Wiederholen Sie die Aufbauübung alle paar Wochen, wenn Sie im Alltag das Lobwort häufiger ohne den folgenden Primärverstärker einsetzen.

Hunde lernen schnell, menschliche Emotionen zu deuten. Gute Laune ihres Halters oder ein herzliches Lachen vermittelt ihnen ein angenehmes Gefühl. Nutzen Sie dies auch im Aufbau des Lobwortes und trainieren sie es vor allem, wenn Sie selbst in guter Stimmung sind. Bedenken Sie: Sie möchten Ihrem Hund mit dem Lobwort später eine wirkliche Freude machen und ihm vermitteln können, wie brav er war. Das muss er merken können!

Unterschiede zwischen Lobwort und Clicker

Das Lobwort ist in seiner Wirksamkeit dem Clicker unterlegen. Dies liegt daran, dass ein Sprachkommando wesentlich inkonstanter ist. Die eigene Stimme kann sich aufgrund von Stimmungen oder anderen Bedingungen, z. B. einer Erkältung, ändern. Wenn verschiedene Personen mit dem Hund trainieren, kommt noch hinzu, dass sich dieser auf verschiedene Stimmen einstellen muss. Auch erfolgt die Anwendung des Lobwortes in vielen Fällen nicht ganz so präzise wie ein punktgenau platziertes „Click". Das Training eines Lobwortes ist aber dennoch sinnvoll, weil es universell ein-

Tipp

Beschränken Sie sich beim Training des Lobwortes wirklich auf Ihre Sprache. Das heißt, fassen Sie den Hund in dieser Übung möglichst nicht an, denn zu leicht schleichen sich körpersprachliche Bedrohungselemente ein.

setzbar ist. Die persönliche stimmliche Komponente beim Einsatz des Lobwortes stellt zudem auch ein Bindungselement zwischen Hund und Halter dar.

Blickkontakt

In einfacher Weise kann trainiert werden, dass der Hund seinem Menschen Aufmerksamkeit schenkt, indem er ihn anschaut. Der im Folgenden beschriebene Weg hat sich schon tausendfach bewährt.

Das **Blickkontakt-Training** dient mehreren Zwecken: So können Sie am Blick Ihres Hundes leicht erkennen, dass er gedanklich bei Ihnen ist. Dies ist eine wichtige Information, vor allem vor dem Hintergrund, dass sich Ihr Hund – freiwillig – an Ihnen orientieren soll, denn dann können Sie ihn leichter führen. Zudem hat die Kontaktaufnahme vom Hund zum Besitzer team- bzw. bindungsstärkenden Charakter. Auch der mögliche Einsatz eines Sichtzeichens als Signal für eine Handlung wird erleichtert, denn der Hund ist Ihnen ja schon mit seinem Blick zugewandt und kann das Signal so leicht „lesen". Und schließlich besteht ein weiterer Vorteil darin, dass der Hund, wenn er Blickkontakt zu Ihnen hält, sich nicht zeitgleich unerwünschten Dingen zuwenden kann. Der Blickkontakt ist also ein besonders wichtiges Element, um den Hund vor allem in ablenkungsreichen Situationen kontrolliert leiten zu können. Bedenken Sie, wie viel schwieriger es ist, die Fäden in der Hand zu behalten, wenn der Hund seine Konzentration

Aufmerksamkeit ist die wichtigste Trainingsvoraussetzung.

statt auf Sie auf andere – spannende(re) – Dinge richtet.

Die Blickkontakt-Übung gibt es in **zwei Trainingsvarianten**: ohne Kommando und mit Kommando. Beide Übungen sind wichtig, verfolgen jedoch unterschiedliche Ziele. In der **Trainingsvariante ohne Kommando** wird an der grundsätzlichen Bereitschaft des Hundes gefeilt, sich am Menschen zu orientieren. Es ist somit eine der wichtigsten, wenn nicht gar **die wichtigste Basisübung**. In der

Trainingsvariante mit Kommando lernt der Hund eine Handlung auf Signal. In diesem Fall soll er sich aus Gehorsamkeitsgründen dem Menschen zuwenden. Das Ziel ist hier also, Aufmerksamkeit „befehlen" zu können. Dies ist ein sehr nützliches Trainingsziel. Aber Achtung: Ein besonders sauberer Übungsaufbau und ein ausreichend intensives Training sind erforderlich, bevor diese Übung im Alltag wirklich zum Einsatz kommen sollte! Wie in jeder Übung, die mit einem Signal belegt ist, bedeutet ein Nichtbefolgen einen Misserfolg auf ganzer Linie: Der Hund hat, wenn er nicht in erwünschter Weise reagiert, nämlich einen persönlichen Erfolg mit etwas anderem! Vielleicht tut er etwas „Interessanteres" oder gar Unerwünschtes. Gleichzeitig wird in solch einem Falle klar, dass Sie noch nicht die volle Kontrolle über die Führung Ihres Hundes haben.

Übungsaufbau Blickkontakt – ohne Kommando

Bei dieser Übung kann im Grunde nichts schiefgehen, wenn Sie folgendermaßen vorgehen: Führen Sie Ihren Hund an der Leine und geben Sie ihm nur etwa 80 cm Bewegungsspielraum. Die Leine sollte hierbei so gehalten werden, dass von Ihnen kein Zug auf das Halsband oder das Geschirr übertragen wird. Bleiben Sie nun stur stehen und beobachten Sie Ihren Hund aus den Augenwinkeln.

Tipp: Günstig ist es, wenn Sie bereits vorher unauffällig ein Leckerchen in die Hand genommen haben, denn hier ist ein **gutes Timing** gefragt. Alternativ zur direkten Belohnung kann diese Übung hervorragend mit dem Clicker trainiert werden. In diesem Fall halten Sie den Clicker einsatzbereit – Leckerchen gibt es in diesem Fall erst nach dem Click, sodass sie zunächst in Ihrer Tasche verstaut bleiben können.

Warten Sie geduldig, bis der Hund Ihnen einen Blick zuwirft, ohne dass Sie ihn locken, ansprechen oder anderweitig verleiten, sich Ihnen zuzuwenden. Stecken Sie ihm genau in diesem Moment der Kontaktaufnahme über den Blick sein Belohnungsleckerchen zu. Bedenken Sie, dass Sie anfänglich einen „Zufall" belohnen! Je nach Ablenkungsmaß aus der Umgebung kann es sein, dass es etwas dauert, bis der Hund zu Ihnen schaut. Das ist kein Fehler von ihm, denn schließlich haben Sie ihm keinerlei Anweisungen erteilt, was er tun soll. Sie arbeiten hier mit ihm auf freiwilliger Basis.

Je wertvoller Ihr Belohnungsleckerchen in den ersten Trainingsdurchgängen ist, desto eher sind Hunde geneigt, zügig bzw. häufig Blickkontakt aufzunehmen. Belohnen Sie anfänglich jeden (!) Blick Ihres Hundes, denn er soll sich seiner Sache ganz sicher sein: Es lohnt sich immer, Kontakt zum Besitzer aufzunehmen!

> **Hinweis**
>
> Anfänglich spielt es keine Rolle, wenn der Hund nur „schlampig" aufschaut, beispielsweise, indem er seinen Blick auf Ihre Futtertasche und nicht auf Ihr Gesicht richtet. Hieran kann man später noch feilen. Zunächst einmal ist jeder Blick, der mindestens hüfthoch ist (am Menschen gemessen), eine Belohnung wert.

Übungsaufbau Blickkontakt – mit Kommando

Diese Übung ähnelt im Aufbau der Lobwort-Übung, jedoch mit feinen Unterschieden. Halten Sie eine Anzahl von etwa 10 bis 15 schmackhaften Leckerchen bereit und Ihren Hund angeleint bei sich. Bei Hunden, die zum Anspringen neigen, sichern Sie die Leine am besten mit dem Fuß, um in der Übung ein Springen von vornherein zu verhindern. Sprechen Sie nun das Signalwort, das Sie gewählt haben (z. B. SCHAU), in der Art und Weise aus, wie es später zum Einsatz kommen soll (z. B. in einem motivierenden, auffordernden Tonfall). Führen Sie danach das Leckerchen zunächst an die Nase des Hundes und dann in einer flüssigen Bewegung hoch zu Ihrem Gesicht, bevor Sie es ihm anschließend geben. Auf diese Weise „erschummeln" Sie sich eine Bestleistung: Der Hund wird durch das **Anlocken motiviert, die richtige Handlung zu zeigen**.

Das Ziel in diesem ersten Lernschritt ist, dass der Hund das Signalwort als etwas sehr Angenehmes abspeichert und zunächst noch indirekt die erwünschte Handlung zeigt (dem in Richtung Gesicht geführten Leckerchen hinterherschauen, sprich: in Richtung Gesicht schauen).

> **Hinweis**
>
> Auch hier gilt, dass die spätere Bereitschaft, Folge zu leisten, von der Art des Belohnungsfutters abhängt. Die Qualität des Leckerchens muss so gewählt werden, dass hundertprozentig gewährleistet ist, dass der Hund sich durch das Lockleckerchen sofort motivieren lässt!

Leinenführigkeit

Der Begriff Leinenführigkeit bezeichnet das **Gehen an lockerer Leine**. Der Hund muss hierbei, anders als beim Fußlaufen (unter Kommando), weder besonders eng an der Seite des Menschen sein, noch konzentriert zu ihm hochschauen. Das Trainingsziel ist, dass die Leine beim gemeinsamen Gehen nicht unter Spannung gerät und

Übungen wie das Gehen an lockerer Leine können Sie überall umsetzen.

Vertrautmachen mit einem Kopfhalfter.

dass der Hund nicht Zickzack läuft. Wenn man möchte, kann man eine Seite definieren, an der der Hund immer laufen soll, oder man übt leinenführiges Gehen mit ihm an der rechten und an der linken Körperseite des Menschen.

Eine gute Leinenführigkeit ist ein **hohes Trainingsziel**, welches nur bei konsequentem Üben erreicht werden kann. Hunde, auch kleinere, haben eine schnellere Grundgangart als wir Menschen, denn sie laufen meist in einem langsamen Trab und nicht wie wir in Schrittgeschwindigkeit. Hinzu kommt, dass sie von interessanten Gerüchen von rechts nach links getragen werden. Ein gradliniges, langsames

Laufen auf einer Seite ist also nichts, was Hunden in die Wiege gelegt ist.

Hinweis: Wenn der Hund allgemein von seiner Körpermasse bzw. -kraft oder von seinem Temperament her dem führenden Menschen überlegen ist, sollte aus Sicherheitsgründen ein **Führungshilfsmittel** eingesetzt werden. Leider sind hierzu auch Dinge auf dem Markt, die ihre Wirkung über Schmerzen erzeugen, etwa Lendenleinen, Geschirre mit Zugwirkung unter den Achseln, dünne Kettenhalsbänder, Würgehalsbänder ohne oder mit einem zu weit gefassten Zugstopp oder Stachelhalsbänder. Halten Sie hiervon Abstand, denn diese Materialien erfüllen nicht die Kriterien des Tierschutz-

gedankens, der bei der Auswahl von Hilfsmitteln stets die ausschlaggebende Rolle spielen sollte!

Geeignete Hilfsmittel sind Geschirre mit einem Führungsring an einem quer verlaufenden Brustgurt oder ein Kopfhalfter. Von Letzterem gibt es verschiedene Modelle (etwa Halti, Gentle Leader, Newtrix oder Canny Collar), die unterschiedliche Wirkungsweisen haben, was die Führungsart und die Vor- oder Nachteile anbetrifft. Für alle gilt, dass sie die Kontrolle des Halters über den Hund erheblich steigern und dass ein Vortraining erforderlich ist, in dem der Hund mit dem zunächst ungewohnten Tragen des Kopfhalfters vertraut gemacht werden muss. Bei **fachgerechter Anwendung** entstehen dem Hund durch die Führung mit einem Kopfhalfter keine Schmerzen.

Übungsaufbau Leinenführigkeit

Lassen Sie Ihren Hund wissen, dass Sie eine tolle Belohnung dabei haben und starten Sie dann zu einem gemeinsamen Spaziergang. Loben und belohnen Sie ihn sooft es geht, solange bzw. wenn er wieder so nah bei Ihnen ist, dass die Leine nicht auf Spannung ist.

In dieser Übung leisten Lobwort und Clicker ganz hervorragende Dienste. Setzen Sie Ihr Lobwort ein

> **Trainingsfeinheiten**
>
> Geben Sie dem Hund die Belohnungsstückchen jeweils außen neben Ihrem Bein. Achten Sie hierbei darauf, die Hand der entsprechenden Körperseite zu benutzen, an der sich Ihr Hund befindet, denn sonst gewöhnt sich der Hund an, bei der Belohnung quer vor Sie zu laufen, was beim weiteren Gehen sehr hinderlich ist.

bzw. clicken Sie, wenn Ihr Hund leinenführig läuft, und holen Sie ganz in Ruhe erst danach die Belohnung – z. B. Leckerchen – heraus und geben Sie sie dem Hund. **Achtung:** Bleiben Sie aufmerksam und beobachten Sie Ihren Hund! Meist erhält man direkt nach der Belohnung gleich wieder die Chance, ein weiteres Lob anzubringen, da der Hund immer noch dicht bei einem ist ...

In der Übung zur Leinenführigkeit ist es für kurze Distanzen zwischendurch auch erlaubt, den Hund mit dem Lockmittel zu führen, indem Sie ihm dieses auf Schnauzenhöhe (und sich selbst relativ nah ans Bein) halten. Auf diese Weise wird ihm vor allem die Seite, an der Sie ihn lockend führen, im positiven Sinne vertraut gemacht.

Tipp: Möchten Sie langfristig ohne spezielle Hilfsmittel auskommen, so können Sie Ihrem Hund den Inhalt der Übung auch über einen konsequenten Materialwechsel vermitteln. Hunde lernen verhältnismäßig leicht, zwischen „Freizeit-" und „Arbeitskleidung" zu unterscheiden. Das geht so: Wenn Sie Ihren Hund später beispielsweise am Halsband führen möchten,

> **Hinweis**
>
> Wenn Sie ein Hilfsmittel einsetzen, mit dem das Ziehen für den Hund kaum möglich ist, haben Sie besonders häufig Gelegenheit, Ihren Hund für gesittetes Gehen an Ihrer Seite zu belohnen!

Mit diesem Geschirr haben Sie auch Ihren kräftigen Hund gut im Griff.

Rückruf

Das Rückrufsignal ist das wichtigste Signal, wenn der Hund Freilauf hat. Das Trainingsziel heißt, der Hund lernt, umgehend und möglichst schnell dicht zum Besitzer heranzukommen und dort auf weitere Anweisungen zu warten. Diese Bedingungen wird der Hund umso zuverlässiger erfüllen, je positiver er die Handlung „Kommen" verknüpft hat. Bedenken Sie die Wichtigkeit dieser Tatsache, denn im Alltag werden sich zunächst sicher häufiger Situationen ergeben, in denen der Hund zwischen bravem Gehorsam und einer starken Verleitung hin- und hergerissen sein wird.

Trainingsaufbau Rückruf

Der erste Lernschritt des Rückrufsignals bezieht sich noch nicht auf das Herankommen, sondern auf die **Verknüpfung** und **emotionale Einstimmung** auf das Signal. Auch diese Übung ähnelt dem Aufbau des Lobwortes, da es sich wiederum um eine klassische Konditionierung handelt.

Legen Sie sich etwa 15 bis 20 ganz extrem schmackhafte Leckerchen bereit. Suchen Sie einen ablenkungsfreien Ort auf und halten Sie Ihren Hund im ersten Trainingsdurchgang an der Leine – so ist gewährleistet,

darf er dieses nur dann tragen, wenn Sie mit ihm die Leinenführigkeit üben. In den Zeiten, in denen Sie keine Zeit oder Lust haben, an seiner Leinenführigkeit zu feilen, setzen Sie ein Geschirr oder Kopfhalfter ein und ziehen dem Hund das Halsband aus. Auf die Leinenführigkeit wird dann nicht weiter geachtet. Aber Achtung: Damit dies für den Hund leicht nachvollziehbar wird, ist **Konsequenz** in Bezug auf den Materialwechsel erforderlich. Mit dem Hilfsmittel, das Sie später tagtäglich einsetzen möchten, darf niemals das Ziehen verknüpft werden!

> **Tipp**
> Setzen Sie in dieser Übung Belohnungen ein, die für Ihren Hund den allerhöchsten Stellenwert haben. Auf diese Weise erzeugen Sie eine hohe emotionale Verknüpfung zum Signal und indirekt zur Handlung (siehe Seite 66).

dass er sich voll und ganz auf die Verknüpfungsübung einlassen kann.

Sprechen Sie das **Rückrufsignal** nun so laut oder eindringlich aus, wie Sie es benutzen würden, wenn sich Ihr Hund in einer Entfernung von etwa 30 Metern befinden würde, und stecken Sie ihm etwa eine halbe Sekunde später eines der Leckerchen zu. Wiederholen Sie dies mit allen Superleckerchen, die Sie dafür bereitgelegt haben. Hier noch einmal der Hinweis: Dies ist eine **Signalverknüpfungsübung**! Der Hund muss bis jetzt noch

keinen Schritt laufen, um an sein Leckerchen zu kommen! Um die zeitliche Verknüpfung von unter einer Sekunde zwischen Signal und Futtergabe einhalten zu können, muss sich der Hund bereits vorher in Ihrer unmittelbaren Nähe aufhalten! Die Handlung des Zurückkommens wird erst in den folgenden Lernschritten (Download des Übungspools unter www.ulmer.de/skn) eingebunden, wenn der Hund bereits weiß, dass das Signal bedeutet: Er erhält ein Traumleckerchen beim Besitzer.

Der Rückruf ist die wichtigste Übung.

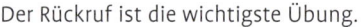

Abbruchsignal

Im Alltag ergeben sich immer wieder Situationen, in denen man dem Hund sagen können möchte, dass er etwas Bestimmtes nicht tun darf oder dass er eine Handlung, die er bereits ausführt, augenblicklich unterbrechen soll. Das Abbruchsignal stellt somit ein wichtiges Trainingsziel dar. Das gewählte Kommando sollte kurz und einprägsam sein, damit in den entsprechenden Situationen nicht lange überlegt werden muss (z. B. PFUI, OFF, BASTA). In den Übungen muss dem Hund die Bedeutung des Abbruchssignals dann genauestens vermittelt werden. Hierbei ist es besonders günstig, wenn der Hund im Trainingsaufbau erfährt, dass er mit seinem ursprünglichen Handlungsplan – also mit der Handlung, die er abbrechen soll – niemals einen Erfolg erzielen wird. Eine gute Planung der Übung ist also zwingend erforderlich!

Übungsaufbau Abbruchsignal

Arbeiten Sie mit zwei unterschiedlich schmackhaften Leckerchen. Legen Sie sich eines der weniger attraktiven Häppchen auf die flache Hand und lassen Sie es den Hund fressen. Wiederholen Sie dies mit etwa zehn Stückchen. Auf diese Weise wird in der nun folgenden Übung das Gefühl von Frustration erzeugt, denn der Hund ist auf einen einfachen Erfolg (Fressen des Leckerchens ohne Gegenleistung) eingestimmt und wird, nachdem er das Abbruch-Kommando gehört hat, zunächst enttäuscht. Dies ist ein Teilaspekt der Übung. Der Hund soll hier lernen, dass eine Fortsetzung seiner ursprünglichen Handlung für ihn erfolglos ist.

Im Übungsaufbau wird er sich in dem Fall, dass er weiterhin versucht, an das Leckerchen in der geschlossenen Hand zu gelangen, selbst frustrieren. Bei konsequentem Vorgehen hat es diese Übung wirklich in sich!

Und so geht es nach dem Einstieg mit dem Anfüttern beim Training des Korrekturwortes ganz konkret weiter: Sie starten zunächst mit dem **Anfüttern** und legen sich dann ein Futterstückchen in gleicher Art wie vorher

Das Abbruchsignal: Hier ist Mitdenken gefordert.

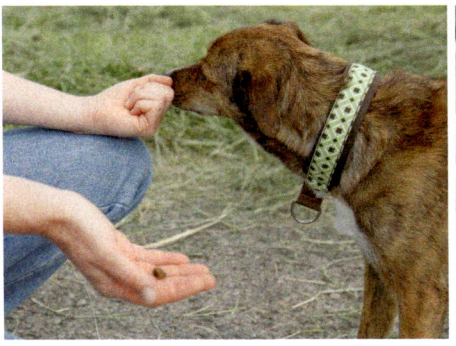 

Es ist von ausschlaggebender Wichtigkeit, das Kommando wirklich nur ein Mal zu geben und nicht zu wiederholen – ganz egal, wie lange Ihr Hund in den ersten Reaktionen braucht, um von dem Verleitungsleckerchen abzulassen. Kommandowiederholungen führen dazu, dass Ihr Hund im Alltag ebenfalls auf mehrmalige Wiederholungen hofft, was Sie sich bei der Befolgung einer Korrektur im Alltag nicht leisten können.

auf Ihre flache Hand. Bevor der Hund es jedoch erreichen kann, sagen Sie deutlich (ggf. im affektgesteuerten Kommandoton, damit es dem Alltag mehr entspricht) das von Ihnen gewählte **Abbruchsignal** und schließen umgehend die Hand, sodass ein Trainingsmisserfolg (der Hund erreicht das Häppchen, obwohl Sie Ihr Kommandowort gesagt haben) ausgeschlossen ist. Warten Sie nun einfach ab. Die meisten Hunde lecken an der Hand, wühlen mit der Schnauze an der Hand herum, geben Pfötchen oder bellen. Bleiben Sie neutral und lassen Sie den Hund mit allen aus Ihrer Sicht unerwünschten Handlungen ins Leere laufen.

Beobachten Sie Ihren Vierbeiner genau, denn ein kleines Zurückweichen von der Hand, in der die Futterverleitung verborgen ist, ein fragender Blickkontakt zu Ihnen oder ein verdutztes Hinsetzen sind wirklich **brave alternative Handlunge**n. Auf ein derartiges Zeichen Ihres Hundes warten Sie! Loben Sie Ihren Hund umgehend, wenn er eines dieser Details zeigt, und werfen Sie ihm in geringer Distanz sein Belohnungsleckerchen – jetzt kommt eines der anderen, schmackhafteren Stückchen zum Einsatz – auf den Boden, welches er sich umgehend holen darf. Üben Sie dies mehrere Male. Starten Sie die Übung stets neu, indem Sie mit dem „Anfüttern" beginnen.

Gewöhnen Sie sich an, Übungen, die Sie Ihrem Hund ansagen, am Ende aufzulösen. Nur so weiß Ihr Hund, wie lange er bei der Stange bleiben muss. Das Auflösekommando oder auch Freizeitsignal hat keine echte inhaltliche Bedeutung. Es bedeutet lediglich: „Du kannst machen, was du möchtest." Diese Freizeit kann von Ihnen jederzeit mit einem Arbeitssignal (erlerntes Kommando) beendet werden. Hier ein Beispiel: Sie befehlen Ihrem Hund SITZ, weil eine Engesituation auf dem Gehweg dies erfordert. Die Enge löst sich auf, Sie können weitergehen, aber es gibt keinen Grund, Ihren Hund unter Kommando (z. B. FUSS) zu führen. Hier ist das Freizeitsignal angebracht. Er darf die SITZ-Position verlassen und tendenziell machen, was er möchte, z. B. schnüffeln, umherlaufen oder eben auch noch länger sitzen bleiben. Wenn Sie mit den Ideen zur Freizeitgestaltung Ihres Hundes nicht einverstanden sind – in diesem Beispiel, weil er sitzen bleibt und Sie gerne weitergehen möchten – haben Sie jederzeit die Möglichkeit, die Freizeit durch ein Kommando zu beenden. In diesem Fall könnten Sie also das Rückrufsignal oder das Kommando FUSS benutzen, um den Hund wieder zu aktivieren.

SITZ

Diese Übung ist leicht zu trainieren und stellt im Alltag eine große Hilfe dar, denn in vielen Situationen ist es angenehm, wenn der Hund für einen kurzen Moment zuverlässig körperlich Ruhe hält. Dies ist in der SITZ-Position gewährleistet.

Übungsaufbau SITZ

Halten Sie ein schmackhaftes Lockleckerchen in der Hand und lassen Sie ihren Vierbeiner daran schnüffeln. Führen Sie es dann über seine Nase nach oben und warten Sie in dieser Position, bis der Hund sich setzt. Geben Sie ihm genau in diesem Moment das Leckerchen zur Belohnung frei.

Tipp: Wenn Sie im Übungsaufbau Ihre Hand, die das Lockleckerchen hält, in einer immer gleichen Art und Weise bewegen (z. B. mit erhobenem Zeigefinger), lernt der Hund bereits jetzt ein Sichtzeichen.

Üben Sie als erste Fortsetzungsübung, dass Ihr Hund diese Übung solang einhält, bis Sie sie mit dem Freizeitkommando auflösen. Stoppen Sie ihn, falls er sich „unerlaubt" trollen will, und erinnern Sie ihn an seinen Auftrag. Lösen Sie die Übung

---

Hinweis

Wenn Sie ein hohes Leistungsziel anstreben, ist es sinnvoll, im Übungsaufbau anfangs kein Sprachsignal zu benutzen, denn noch ist die Leistung inkonstant! Fehlverknüpfungen in Bezug auf die Übungsdetails sind daher sehr wahrscheinlich.

---

dann in einem Moment auf, wenn Ihr Hund das Kommando (wenn auch nur kurz) zu Ihrer Zufriedenheit ausgeführt hat.

PLATZ

Die Liegeposition ist für Ihren Hund, wenn er einmal für einen Moment warten soll, die bequemste Stellung. Für den Gebrauch des Kommandos im Alltag ist es also sinnvoll, wenn die Position bzw. die Handlung mit einem gewissen Maß an Ruhe verknüpft ist.

Übungsaufbau PLATZ

Lassen Sie Ihren Hund an einem schmackhaften Leckerchen schnüffeln und führen Sie dann die Hand, in der Sie es halten, dicht an den Boden. Wenn der Geruch des Leckerchens für Ihren Hund interessant ist, wird er nun weiterhin am Leckerchen „kleben" – mit der Nase tief am Boden bzw. an Ihrer Hand. Dies ist ein Etappenziel. Warten Sie geduldig ab, was passiert. In aller Regel dauert es nur einen kurzen Moment, bis der Hund in die Liegeposition übergeht, denn so gebeugt zu stehen ist für ihn unbequem. Bei kleinen Rassen kann es aber schon einmal etwas dauern. Hier ist etwas mehr Geduld gefragt.

Loben Sie Ihren Hund genau dann, wenn er sich hinlegt und sein Hinterteil und die Ellbogen den Boden berühren, und geben Sie ihm gleichzeitig das Lockleckerchen als Belohnung frei.

Dieser Hund reagiert schon gut auf das Sichtzeichen für SITZ.

Hier wird das Hinlegen belohnt.

Lösen Sie das Liegen jeweils mit dem Freizeitsignal auf.

Tipp: Diese Übung kann mehrfach hintereinander geübt werden. Wenn Sie die Übung noch einmal wiederholen möchten, müssen Sie Ihren Hund gegebenenfalls nach dem Freizeitsignal etwas zum Aufstehen animieren, damit Sie neu starten können.

> **Hinweis**
>
> Halten Sie in diesem ersten Lernschritt bei der Arbeit mit dem Lockmittel Ihre Hand ganz ruhig und ziehen Sie sie nicht weg, denn sonst läuft Ihr Hund dem sich entfernenden Leckerchen hinterher.

Ein besonders bereitwilliges Mitarbeiten erreichen Sie in den ersten Trainingsdurchgängen, wenn Sie einen Moment abpassen, in dem Ihr Hund sowieso gerne liegen möchte. Vielleicht nach einem längeren Spaziergang oder vor einer sonst üblichen Ruhepause, etwa vor dem Zu-Bett-Gehen. Nutzen Sie diesen „Trick" auch bei kleinen Rassen aus. Achten Sie außerdem speziell bei kurzhaarigen Rassen oder Hunden, die schnell frieren, auf den Untergrund. Im Übungsaufbau sollte dieser zunächst den Vorlieben des Hundes entsprechen und z. B. warm oder weich sein, damit die Übung positiv verknüpft werden kann.

Weitere Basics

Die im Folgenden vorgestellten Übungen runden das Programm des Grundgehorsamstrainings ab. Sie dienen der noch weiteren Vereinfachung privater und öffentlicher Situationen mit dem Hund.

Nah herankommen

Im Alltag ist es sehr praktisch, wenn man dem Hund ansagen kann, dass er sich körperlich nah zu einem begeben soll. Vor allem, wenn fremde Menschen zugegen sind, die sich gegebenenfalls sogar vor Hunden fürchten, ist es hilfreich und höflich, den eigenen Vierbeiner dicht bei sich zu halten. In diesem Übungsbeispiel soll sich der Hund **seitlich parallel** neben dem

Hinweis

Hunde haben ein anderes Verständnis von Nähe und Weite als wir Menschen. Wenn Ihr Hund sich beispielsweise ein oder zwei Meter entfernt von Ihnen aufhält und Sie ihn zu sich rufen, kann es sein, dass er nur zögerlich reagiert, denn in seinen Augen ist er bereits „da". In dieser Übung lernt der Hund, eine sehr genau definierte Position an Ihrer Seite einzunehmen. Dies kann später einem Missverständnis (wie oben beschrieben) entgegenwirken, denn mithilfe dieses Kommandos sagen Sie dem Hund ganz genau, was bzw. welche Nähe Sie von ihm erwarten.

Dieser Hund kennt die Übung bereits – er läuft in die linke Grundstellung.

Tierhalter einfinden und sich, dort angekommen, an dessen Seite hinsetzen. Im Hundesport wird diese Übung als **Grundstellung** bezeichnet.

Übungsaufbau nah herankommen

In dieser Übungsbeschreibung wird der Hund an die linke Körperseite geleitet. Dies ist die im Hundesport übliche Position, die dort als Grundposition oder Grundstellung bezeichnet wird. In der privaten Hundehaltung spricht jedoch nichts dagegen, den Hund auch rechts zu führen. In diesem Fall ist die Übung spiegelverkehrt umzusetzen.

Halten Sie in jeder Hand ein Leckerchen. Lassen Sie Ihren Hund an dem Futterstückchen in Ihrer rechten Hand schnüffeln und locken Sie ihn mit dieser Hand an Ihrer rechten Körperseite entlang hinter Ihre Beine. Fangen Sie ihn dort mit dem Lockleckerchen, das Sie in Ihrer linken Hand halten, ab und führen bzw. locken Sie ihn nun links neben sich. Heben Sie, wenn Ihr Hund mit seiner Schulter auf der Höhe Ihres Beines ist, Ihre Hand samt Lockmittel etwas an, sodass Ihr Hund nach oben schaut. Warten Sie, bis er sich selbstständig hinsetzt, und geben Sie ihm sofort

So locken Sie Ihren Hund anfangs nah an sich heran.

danach das Lockleckerchen als Belohnung.

Achten Sie darauf, Ihre linke Hand samt Lockmittel außen an der Hundeschnauze zu halten, damit sich Ihr Hund eng und parallel neben Ihnen einfindet. Ansonsten kann es leicht passieren, dass er mit dem Po ausschert und letztlich schräg neben Ihnen sitzt.

Seitenwechsel

Der Seitenwechsel hinter dem Körper des Hundeführers ist eine sehr gute Übung, um den Hund einerseits in souveräner Art zu führen, um ihm Sicherheit zu bieten, und andererseits der Pflicht nachzukommen, ihn im öffentlichen Bereich zum Wohle Dritter zu kontrollieren. Wenn der Hund mit dieser Übung gut vertraut ist, kann er spielend gelenkt werden. Dem Anspruch, anderen Menschen gegenüber Respekt und Höflichkeit zu beweisen, ist so leicht Genüge getan.

Das Ziel dieser Übung ist es, den Hund von der Seite, an der er gerade neben einem läuft, ohne Manipulation an der Leine auf die andere Seite zu bringen – beispielsweise, um auf einem engen Gehweg mehr Abstand

So sieht der Seitenwechsel hinter dem Rücken aus.

zwischen dem eigenen Hund und entgegenkommenden Passanten oder Artgenossen zu schaffen.

Übungsaufbau Seitenwechsel

Führen Sie Ihren Hund an der Leine und bleiben Sie nach wenigen Schritten stehen. Halten Sie anfangs in jeder Hand ein Leckerchen. Locken Sie ihn nun, wenn er links geführt wurde, mit der linken Hand hinter Ihre Beine und holen Sie ihn dort mit einem in der rechten Hand gehaltenen Lockleckerchen ab. Setzen Sie sich wieder in Bewegung, sobald der Hund wie magne-

> **Hinweis**
>
> Eine Schwierigkeit dieser Übung ist, dass Sie auch noch die Hundeleine in einer Hand halten. Diese müssen sie ebenfalls hinter Ihrem Rücken in die andere Hand wechseln lassen. Üben Sie dies geduldig, bis es zuverlässig gelingt. Manchmal verliert der Hund in den ersten Durchgängen den Kontakt zum Leckerchen und somit eventuell auch das Interesse am Lockmittel, wenn das Futter durch die Leine verdeckt ist. Setzen Sie in diesem Fall im Übungsaufbau besonders geruchsintensive Futterstückchen ein.

tisiert am Leckerchen Ihrer rechten Hand klebt. Geben Sie es ihm möglichst noch nicht sofort, sondern erst in der Bewegung nach ein oder zwei Schritten, die er an Ihrer rechten Seite gelaufen ist. Sollten Sie Ihren Hund normalerweise rechts führen, setzen Sie diese Übung spiegelverkehrt um.

Kontrolle des Hundes – Maulkorbtraining

Neben der allgemeinen Pflicht, den Hund im öffentlichen Bereich sicher und kontrolliert zu führen, ist es im Einzelfall auch vorgeschrieben, dem Hund einen Maulkorb anzulegen, z. B. in manchen öffentlichen Verkehrsmitteln. Aber auch zur Wahrung eines besonderen Sicherheitsrahmens – etwa bei tierärztlichen Untersuchungen bzw. Behandlungen, vor denen sich der Hund stark fürchtet oder die möglicherweise mit Schmerzen einhergehen – ist es sinnvoll, den Hund mit einem Maulkorb zu sichern. Ein Hund, der schon im Vorfeld schrittweise und spielerisch mit dem Tragen eines Maulkorbs vertraut gemacht wurde,

Durch häufige Belohnungen wird das Maulkorbtraining zu einer Spaßübung.

kommt mit solch einer Situation gut klar. Für alle anderen ist das plötzliche Tragen eines Maulkorbes mit viel Stress und Ablehnung verbunden.

Übungsaufbau Maulkorbtraining

Legen Sie in einen von der Größe her gut zu Ihrem Hund passenden Gittermaulkorb ein schmackhaftes Leckerchen und bieten Sie es Ihrem Hund an. Sollte er anfangs schüchtern reagieren, können Sie ihm das Leckerchen zunächst nah an den Rand legen.

Versuchen Sie es nach und nach aber immer weiter an die Nasenplatte zu bringen, damit Ihr Hund seine Schnauze tief in den Maulkorb hineinsteckt. Diese Übung – der Maulkorb wird hier noch nicht am Hund befestigt – muss dem Hund sehr gut vertraut sein, bevor weitere Übungsschritte (siehe Download des Übungspools: www.ulmer.de/skn) in Angriff genommen werden.

Eine sinnvolle allgemeine **Hilfestellung** in dieser Übung ist, den Maulkorb anfangs so zu halten, dass der Hund sich mit der Schnauze leicht nach oben orientiert, denn der Versuch sich den Maulkorb mit den Pfoten abzustreifen, wird so sehr unwahrscheinlich.

Alleine warten (BLEIB)

Wenn das Training der Übungen SITZ und PLATZ konsequent umgesetzt wurde, weiß der Hund bereits, dass er die jeweilige Position so lange beibehalten soll, bis die Übung vom Menschen mit dem Freizeitsignal oder mit einem anderen Kommando aufgelöst wird. Im fortgeschrittenen Training soll er lernen, in den Positionen auch Verleitungen und Ablenkungen standzuhalten.

Eine zusätzliche Trainingsherausforderung stellt die BLEIB-Variante dar. Hier soll der Hund trotz räumlicher Trennung vom Tierhalter ruhig und geduldig auf dessen Rückkehr bzw. weitere Anweisungen warten. Es ist Geschmackssache, ob für diese Übungsvariante ein eigenständiges Kommando (BLEIB oder WARTE) eingeführt wird oder ob dieser Lerninhalt an die Positionsbefehle gekoppelt wird.

Übungsaufbau BLEIB

Sagen Sie Ihrem Hund die gewünschte Position (SITZ oder PLATZ) an. Bleiben Sie aufrecht stehen und gehen Sie zur Einführung einer ersten Ablenkung vor Ihrem Hund auf der Stelle. Belohnen Sie ihn, wenn er sich davon nicht ablenken lässt und die Position beibehält.

Tipp

Planen Sie die einzelnen Übungsdurchgänge so, dass Ihr Hund nicht auf die Idee kommt, sich den Maulkorb mit den Pfoten abzustreifen. Wählen Sie die Zeitdauer der Übung und das Maß Ihrer Hilfestellung in der Art, dass die Übung wie gewünscht abläuft.

Achtung

Anfangs hat man in aller Regel nur ein Zeitfenster von wenigen Sekunden zur Verfügung, um die Belohnung im richtigen Moment einzusetzen. Übertreiben Sie also nicht, was den Anspruch der Übung anbetrifft.

Hilfestellung für die BLEIB-Übung: Das Sichtzeichen wird gehalten.

Das Wichtigste ist, dass Sie Ihren Hund belohnen, bevor er – zeitlich gesehen – einen bei einem Trainingsanfänger unvermeidlichen Fehler macht! Wenn dies gut gelingt und Sie für etwa 15 Sekunden vor dem Hund marschieren können, während er ganz entspannt die Position beibehält und auf seine Belohnung wartet, beginnen Sie mit der nächsten Verleitung – einer vollen Drehung um Ihre eigene Körperachse. Achten Sie darauf, die Bewegung so zu machen, dass Sie eine höchstmögliche Chance haben, den Hund für das Beibehalten der Position sicher belohnen zu können.

Steigerungen des Leistungsanspruchs für fortgeschrittene Teams finden Sie, wie für alle Übungen, im Übungspool, den Sie unter www.ulmer.de/skn kostenlos downloaden können.

Abgeben von Gegenständen (AUS)

Jeder Hund sollte lernen, seinem Besitzer bzw. allen Familienmitgliedern auf Verlangen jeden Gegenstand oder Futter umgehend abzugeben. Um in der Zukunft ein freudiges Ablassen zu erreichen, ist es im Trainingsaufbau entscheidend, dass der Hund das Abgeben seiner „Beute" als persönlichen Erfolg und nicht als Verlustgeschäft betrachtet.

Übungsaufbau AUS

Der erste Lernschritt besteht in einem **Tauschgeschäft**. Setzen Sie einen Gegenstand ein, den Ihr Hund mag und der groß genug ist, dass Sie ihn selbst gut festhalten können, auch wenn der Hund ihn bereits mit seiner Schnauze umfasst, daran zieht oder knabbert.

Lassen Sie ihn einen Moment gewähren. Sie und Ihr Hund halten das Objekt also gleichzeitig fest – Sie mit der Hand und er mit der Schnauze. Halten Sie ihm dann mit Ihrer anderen Hand ein kleineres, aber besonders schmackhaftes Leckerchen direkt an die Nase und warten Sie, bis er, durch diesen Reiz verleitet, das erste Objekt loslässt, um das ihm vor die Nase gehaltene Leckerchen zu fressen. Sagen Sie genau in dem Moment, in dem er seine Schnauze öffnet, einmal das von Ihnen gewählte Kommandowort (z. B. AUS, LASS, GIB). Das Tauschleckerchen darf Ihr Vierbeiner sofort fressen – es ist seine Belohnung. Das andere, also das „ertauschte" Objekt lassen Sie gleichzeitig außer Sichtweite – z. B. hinter Ihrem Rücken – verschwinden, damit Ihr Hund nicht im Anschluss an seine Belohnung wieder danach schnappt. Wenn Sie die Übung mehr-

Beim Abgeben von Gegenständen sollte der Hund das Gefühl eines Erfolges verspüren.

Für ein gutes Gelingen **Hinweis**
dieser Übung ist es wich-
tig, dass das Tauschleckerchen (also die
Belohnung) aus Hundesicht gesehen
„wertvoller" ist, als das Objekt, das Sie
ihm abnehmen möchten.

mals hintereinander durchspielen möchten, hat es sich bewährt, das zu ertauschende Objekt erst beim nächsten Übungsdurchgang unter Einsatz eines „Erlaubniswortes" (NIMM'S, LOS, SPIEL) wieder ins Spiel zu bringen.

Steigerungen dieser Übung finden Sie im Übungspool (Download).

Berührungen dulden

Hunde haben sehr individuelle Vorstellungen davon, ob und wann sie Berührungen dulden, ablehnen oder als angenehm empfinden. Es gibt Vierbeiner, die sehr körperbezogen sind und gerne angefasst werden. Die überwiegende Anzahl von Hunden empfindet körperliche Berührungen jedoch nur im privaten Kontext als angenehm.

Im Alltag kann es leicht passieren, dass Hunde auch von fremden Menschen angefasst oder versehentlich angerempelt werden. Um möglichen Problemen vorzubeugen, ist es sinnvoll, schon im Vorfeld mit dem Vier-

Viele Hunde empfinden Streicheln nicht immer als angenehm.

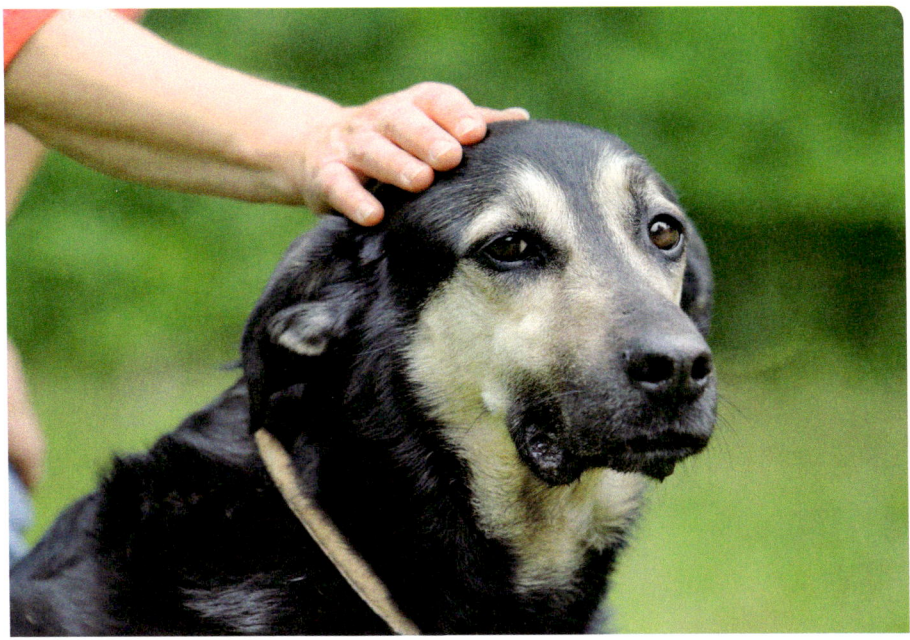

beiner eine geduldige Art der Beantwortung solcher Reize zu üben.

Die Einstellung „von mir lässt sich mein Hund alles gefallen" reicht übrigens keinesfalls, um den Hund im öffentlichen Bereich sicher führen zu können! Es ist eine schöne Basis, wenn sich der Hund vom Halter viel gefallen lässt, jedoch ist das Gefallen-Lassen meist eher mit „Erdulden" als mit großer Freude gleichzusetzen.

In dieser Übung soll anders als es beim reinen Erdulden der Fall ist, eine **positive Verknüpfung** in Bezug auf körpersprachliche Drohelemente und Berührungen geübt werden. Die Übung sollte von der Person gestartet werden, von der sich der Hund am liebsten anfassen lässt bzw. bei der er sich generell am geduldigsten zeigt. Auch wenn die Übungen anfangs „viel zu einfach" erscheinen, empfiehlt es sich, wirklich alle Übungsschritte durchzuspielen, denn auf diese Weise erarbeitet man sich einen stabilen Geduldspuffer.

Übungsaufbau Berührung dulden

Die wichtigste Bezugsperson fasst dem Hund einmal von unten an die Schnauze und steckt ihm direkt danach ein kleines Leckerchen zu. Dies wird etwa zehn Mal hintereinander wiederholt.

Danach wird noch eine kleine Umstellung der Übung vorgenommen: Wiederum fasst die Bezugsperson dem Hund von unten an die Schnauze, diesmal jedoch wird die Hand dort in jedem Trainingsdurchgang ein bis zwei Sekunden länger gehalten, bevor der Hund ein Futterstückchen bekommt. Auch diese Übung wird etwa zehn Mal hintereinander wiederholt.

Die weiteren Trainingsanforderungen in Punkto Geduld finden Sie in den Übungsplänen: www.ulmer.de/skn

Übungspläne – Schritt für Schritt

Wochenübersichten – Tag für Tag

Um im Training Fortschritte zu erzielen, müssen Sie wirklich konsequent am Ball bleiben. Eine Schritt-für-Schritt-Anleitung erleichtert dies erheblich. Sie finden hier für jeden Tag eine Übungszusammenstellung, die sich beim Training zum Familienbegleithund schon vielfach bewährt hat. Jede Woche ist hierbei ein neues Lernziel gesteckt, das in den täglichen Übungen angestrebt wird. Der genaue Übungsinhalt muss auf den Leistungsstand Ihres Hundes zugeschnitten sein.

Auf den folgenden Seiten finden Sie für jeden Tag der nächsten fünf

> **Tipp**
> Üben Sie jeden Übungsblock, der für den Tag vorgesehen ist, drinnen und draußen an mindestens drei verschiedenen Orten. Auf diese Weise sparen Sie Zeit beim Generalisieren.

Ein gelassener und gut erzogener Hund erleichtert den Alltag und das Zusammenleben enorm.

Wochen eine Zusammenstellung von Übungen (jeweils für drinnen und draußen), die an diesem Tag trainiert werden sollen.

Da der Leistungsanspruch schrittweise gesteigert werden soll, sind unter www.ulmer.de/skn weitere (fortgeschrittene) Trainingsschritte zum kostenlosen Download eingestellt. Um Ihnen die Kontrolle des Trainingsfortschritts zu erleichtern, finden Sie die Angaben dort in Tabellenform zum Abhaken.

Um in dieser arbeitsreichen und belohnungsreichen Zeit keinen Einschränkungen zu unterliegen, empfiehlt es sich, während des Intensivschulungsprogramms die regulären Mahlzeiten komplett zu streichen und den Hund in den Übungen mit Anteilen aus der Tagesration zu belohnen. So bleibt die gesunde Ernährung gewährleistet und es ist nicht zu befürchten, dass der Hund an Gewicht zulegt.

Zwacken Sie von der Gesamttagesration zusätzlich noch etwa ein Fünftel ab und ersetzen Sie diese Menge unter Berücksichtigung der besonderen Vorlieben Ihres Hundes durch „Qualitätshäppchen", die im Training in manchen Übungen erarbeitet werden können oder die ein schon fortgeschrittener Hund für besonders hervorstechende Leistung erhält.

Achten Sie darauf, dass die eingesetzten Futterstückchen klein, aber dennoch gut zu handhaben sind. Zum Einsatz von Nassfutter bietet sich eine befüllbare Futtertube an.

So sieht eine gefüllte Futtertube aus.

Tipp

Wenn Sie beginnen, den Trainingsplan mit Ihrem Hund umzusetzen, bricht für ihn eine arbeitsreiche Zeit an. Da dem Hund die Gehorsamsschulung Spaß bereiten soll, empfiehlt sich ein freimütiger Einsatz von Futterbelohnungen. Freimütig heißt aber nicht, den Hund mit Futter zu überhäufen. Der Einsatz von Futter als Belohnung sollte absolut zielgerichtet erfolgen. Im Übungsaufbau wird das Futter anfangs gegebenenfalls auch als Lockmittel (Bestechung) verwendet. Später – also in den fortgeschrittenen Trainingsmomenten – ist es ganz klar leistungsgebunden – als echte Belohnung. Die eben erwähnte „Freimütigkeit" bezieht sich daher auf den Spielraum, den Sie selbst beim Einsatz des Futters haben. Rechnen Sie aus Gesundheitsgründen die zum Training vorgesehene Futtermenge bzw. Leckerchen stets in die Tagesration ein. Auch für den Hund gilt, dass leckere Dinge meist gehaltvoller sind als die Grundnahrungsmittel.

Woche 1 – Lernziele und Hausaufgaben

In der ersten Lernwoche liegt der Schwerpunkt auf dem Übungsaufbau. Es ist sinnvoll, beim Üben eine **ruhige und ablenkungsarme Umgebung** zu wählen.

An diesem Punkt des Trainings ist das zusätzliche Motivieren bzw. Locken mit Futter noch erlaubt. Achten Sie aber von Anfang an auf folgende Regel: **Geben Sie so viel Hilfestellung wie nötig, aber so wenig wie möglich.**

Belohnen Sie den Hund möglichst mit einer Belohnung, die aus seiner Sicht gesehen besser ist als das Lockmittel (eine Ausnahme ist hierbei der erste Lernschritt). Möchten Sie den Hund beispielsweise in die SITZ-Position locken, setzen Sie ein Stück Trockenfutter ein. Der Hund setzt sich hin. Sie belohnen ihn in der SITZ-Position mit einem kleinen Wurststückchen – das Trockenfutterstückchen geben Sie nicht ab.

> **Hinweis**
>
> Achten Sie bei den Positions-Übungen SITZ und PLATZ und auch beim Rückrufsignal darauf, dass Sie die Übungen auflösen, bevor Ihr Hund wieder loslaufen darf. Sollte er einmal vor der Zeit die Übung für beendet erachten, sprechen Sie ihn erneut an und lassen ihn die Übung noch einmal wiederholen. Lösen Sie sie dann (falls es die Situation zulässt) sehr frühzeitig auf, damit kein erneuter Fehler entsteht, oder lenken Sie seine Konzentration auf etwas anderes um (vgl. Freizeitsignal Seite 101).

Unter guter Anleitung haben Hunde sehr viel Spaß beim Lernen.

Tag	zu Hause:	draußen:
1	– Lobwort	– Blickkontakt
	– Leinenführigkeit	– Leinenführigkeit
	– Rückruf	– Rückruf
	– Abbruchsignal	– SITZ
	– SITZ	– Lobwort
2	– Leinenführigkeit	– Blickkontakt
	– Rückruf	– Leinenführigkeit
	– Abbruchsignal	– Rückruf
	– SITZ	– SITZ
	– PLATZ	– PLATZ
3	– Lobwort	– Blickkontakt
	– Leinenführigkeit	– Leinenführigkeit
	– Rückruf	– Rückruf
	– SITZ	– SITZ
	– PLATZ	– PLATZ
4	– Lobwort	– Blickkontakt
	– Abbruchsignal	– Leinenführigkeit
	– Rückruf	– Rückruf
	– SITZ	– SITZ
	– PLATZ	– Abbruchsignal
5	– Lobwort	– Blickkontakt
	– Abbruchsignal	– Leinenführigkeit
	– Rückruf	– Rückruf
	– SITZ	– Abbruchsignal
	– AUS	– PLATZ
6	– Abbruchsignal	– Blickkontakt
	– Rückruf	– Leinenführigkeit
	– SITZ	– Rückruf
	– PLATZ	– Abbruchsignal
	– AUS	– PLATZ
7	– Lobwort	– Blickkontakt
	– Rückruf	– Leinenführigkeit
	– Abbruchsignal	– Rückruf
	– PLATZ	– SITZ
	– AUS	– AUS

Woche 2 – Lernziele und Hausaufgaben

In der zweiten Woche liegt der Schwerpunkt auf dem **Aufbau einiger neuer Übungen** sowie auf der **Generalisierung** der bereits in der ersten Woche aufgebauten Übungen. Es sollte weiterhin eine ruhige Umgebung gewählt werden, um schnellstmöglich einen optimalen Lernerfolg zu erzielen.

Achten Sie beim Üben der bereits in der ersten Lernwoche gestarteten Übungen darauf, dass nun, auch wenn noch ein wenig Lock-Hilfestellung erforderlich ist, kein Futter mehr in der Hand gehalten wird. Der Hund soll sich mehr und mehr auf Ihre Zeichen und weniger auf die geruchliche Unterstützung konzentrieren. Für den Aufbau der neuen Übungen gilt dies allerdings noch nicht.

Hinweis: Es gibt nun **zwei Basisübungen**, die täglich in gleicher Art trainiert werden sollen: das Rückrufkommando (Signalverknüpfungsübung) und die Übung zur Leinenführigkeit.

Die **Rückrufübung** soll, wie auf Seite 98 beschrieben, zu Hause und draußen jeweils mindestens einmal mit der entsprechenden Anzahl von Wiederholungen umgesetzt werden.

Die Übung zur **Leinenführigkeit** sieht zu Hause so aus, dass der Hund gerufen wird (gegebenenfalls SITZ macht), angeleint, für sein ruhiges Verhalten belohnt und dann ein paar Schritte an der Leine in der Wohnung geführt wird. Danach wird er wieder abgeleint – wenn Sie möchten, auch wieder im SITZ – und danach in die Freizeit entlassen. Draußen ist darauf zu achten, dass der Hund vor allem bei Nutzung der Trainingsvariante mit der „Arbeitskleidung" während der Übung stets hundertprozentig aufmerksam geführt wird, sodass er fortwährend in dieser Übung nur Bestleistung zeigt. Bei einem etwaigen Ziehen an der Leine sollte man sofort stehenbleiben und unnachgiebig warten, bis der Hund sich von selbst korrigiert und die Leine locker durchhängt. Erst dann wird der Gang fortgesetzt.

In allen anderen Zeiten oder auch generell – d. h., wenn man sich nicht für die Trainingsvariante mit der Arbeitskleidung entschieden hat – sollte eine dem Hund vertraute Führungshilfe, die ohne Schmerzeinwirkung funktioniert, benutzt werden, um zu verhindern, dass der Hund mit seinem Ziehen Erfolg hat. Auf diese Weise steht dem problemlosen und stockungsfreien Spaziergang nichts im Wege.

> **Tipp**
>
> In Mehrpersonenhaushalten empfiehlt es sich, dass jeder, der sich an der Hundeerziehung beteiligt, ganz individuell auf seinem Niveau mit dem Hund trainiert. Es kann daher sein, dass ein Familienmitglied schon Übungen der zweiten bis fünften Lernwoche umsetzt und ein anderes Familienmitglied gerade erst mit dem ersten Trainingstag (Lernwoche 1) beginnt. Dies stellt für den Hund kein Problem dar. Ganz im Gegenteil! Auch Auffrischungen und Wiederholungen der Anfängerübungen sind von großem Wert.

Konsequenz führt zum Erfolg. Sobald der Hund an der Leine zieht, bleiben Sie stehen.

Der Hund soll eigenständig überlegen, wie er vorwärts kommen kann.

Der Blickkontakt zu Ihnen wird belohnt. Nun kann es weitergehen.

Tag	zu Hause:	draußen:
8	– Basisübung Rückruf – Basisübung Leinenführigkeit – Abbruchsignal – SITZ – PLATZ – Lobwort – Maulkorbtraining	– Basisübung Rückruf – Basisübung Leinenführigkeit – Blickkontakt – SITZ – PLATZ – nah herankommen – Abbruchsignal
9	– Basisübung Rückruf – Basisübung Leinenführigkeit – Lobwort – Berührungen erdulden – AUS – nah herankommen – Maulkorbtraining	– Basisübung Rückruf – Basisübung Leinenführigkeit – Blickkontakt – Abbruchsignal – Berührungen erdulden – nah herankommen – PLATZ
10	– Basisübung Rückruf – Basisübung Leinenführigkeit – Berührungen erdulden – BLEIB – Seitenwechsel – Maulkorbtraining – nah herankommen	– Basisübung Rückruf – Basisübung Leinenführigkeit – Blickkontakt – Abbruchsignal – nah herankommen – Lobwort – AUS
11	– Basisübung Rückruf – Basisübung Leinenführigkeit – AUS – BLEIB – Berührungen erdulden – nah herankommen – Maulkorbtraining	– Basisübung Rückruf – Basisübung Leinenführigkeit – Blickkontakt – Berührungen erdulden – Lobwort – BLEIB – Seitenwechsel

Tag	zu Hause:	draußen:
12	– Basisübung Rückruf – Basisübung Leinenführigkeit – Lobwort – AUS – PLATZ – SITZ – Maulkorbtraining	– Basisübung Rückruf – Basisübung Leinenführigkeit – Blickkontakt – Berührungen erdulden – Abbruchsignal – PLATZ – Maulkorbtraining
13	– Basisübung Rückruf – Basisübung Leinenführigkeit – BLEIB – AUS – Maulkorbtraining – nah herankommen – Berührungen erdulden	– Basisübung Rückruf – Basisübung Leinenführigkeit – Blickkontakt – BLEIB – Lobwort – Seitenwechsel – Abbruchsignal
14	– Basisübung Rückruf – Basisübung Leinenführigkeit – Lobwort – Abbruchsignal – BLEIB – Berührungen erdulden – Maulkorbtraining	– Basisübung Rückruf – Basisübung Leinenführigkeit – Blickkontakt – Lobwort – BLEIB – Maulkorbtraining – nah herankommen

Woche 3 – Lernziele und Hausaufgaben

Bitte bedenken Sie vor allem beim Üben im öffentlichen Bereich, dass es das wichtigste Ziel ist, dass Ihr Hund **nichts Falsches lernt**. Sehr schnell verknüpft er nämlich mitunter genau das Gegenteil von dem, was Sie von ihm erwarten – mit einem sehr großen persönlichen Erfolg. Handeln Sie daher **vorausschauend** und verlangen Sie ein **realistisches Niveau** in den Übungen. Stufen Sie die Belohnungen nun gemäß der Leistung des Hundes ab. Hierzu zwei Beispiele.

Vorausschauend handeln

Der Hund ist im Rückrufkommando noch nicht sehr weit gefestigt. Im Freilaufgebiet treffen Sie seinen besten vierbeinigen Freund. Die beiden toben fröhlich herum. Rufen Sie nicht, auch wenn Sie gehen müssen, denn die Wahrscheinlichkeit ist groß, dass Ihr Hund (noch) nicht Folge leistet. Gehen Sie lieber zu Ihrem Hund hin, leinen Sie ihn an und führen Sie ihn auf eine Belohnung fixiert oder mit ihm spielend aus der Situation, sodass er das „Verhaftet-Werden" mit etwas Angenehmem verknüpfen kann. Erklären Sie Ihr Vorhaben kurz dem anderen Tierhalter, damit dieser seinen Hund in diesem Moment zu sich rufen oder ebenfalls kurz unter Kontrolle nehmen kann.

Das Ziel ist hier, sich die bereits geleistete Vorarbeit des Signalaufbaus aus den vergangenen Wochen nicht durch den unbedachten Einsatz des Rückrufsignals in einer (noch) zu schwierigen Situation kaputtzumachen.

Leistungsgerecht belohnen

Ihr Hund beherrscht das Kommando SITZ drinnen und draußen ohne Ablenkung. Locken ist nicht mehr erforderlich. Nun stehen Sie an einer Bushaltestelle. Um Sie herum befinden sich einige Personen und abseits spielt ein Kind mit einem Ball. Sie verlangen SITZ. Ihr Hund zögert. Sie nehmen das Sichtzeichen oder, falls erforderlich, ein kleines, nicht allzu attraktives Futterstückchen zu Hilfe. Ihr Hund setzt sich schließlich hin. Belohnen Sie ihn mit einer **Qualitätsbelohnung**, auch wenn seine Leistung nicht so prompt war, wie Sie es gerne sehen würden. Das Maß der Ablenkung war für eine gute Leistung noch zu hoch.

Nutzen Sie die Gelegenheit und wiederholen Sie die Übung, falls möglich, direkt im Anschluss an die Belohnung noch einmal. Ihr Hund ist nun auf Traumbelohnung gepolt. Es wird ihm nun bei den Wiederholungen der Übung leichter fallen, die Handlung schneller auszuführen. Auch jetzt

---

Hinweis

Wenn Sie in den nächsten Tagen an der gleichen Stelle vorbeikommen (hier also: an jener Bushaltestelle) und diesmal keine oder kaum Ablenkung herrscht, sollten Sie die Gunst der Stunde nutzen und dieselbe Übung wieder verlangen. Belohnen Sie dann prompte Leistung ebenfalls hochwertig, aber langsame Leistung gar nicht mehr oder mit deutlich weniger attraktivem Futter.

Diese beiden Hunde werden kontrolliert aneinander vorbeigeführt.

sollte er eine Qualitätsbelohnung erhalten. Lösen Sie die Positionen jeweils schon nach kurzer Zeit auf, wenn Sie sehen, dass ihm die Leistung schwerfällt, denn so kann er keinen Fehler durch eigenständiges Auflösen des Kommandos machen. Im Bedarfsfall können Sie die Übung mehrfach hintereinander wiederholen. Dies ist für den Hund einfacher, denn er muss sich jeweils nur kurz konzentrieren.

Mit zwei Hunden müssen Sie doppelte Erziehungsarbeit leisten.

Neue Übungen in Woche 3

In dieser Woche liegt der Trainingsschwerpunkt auf der **Generalisierung**. Die Übungen sollen nun in einer Umgebung mit leichter Ablenkung umgesetzt werden.

Anders als in der zweiten Trainingswoche werden nun in Bezug auf den Rückruf mit dem Hund draußen zusätzlich zur Basisübung (Signalverknüpfung) auch **aktive Rückrufübungen** umgesetzt.

In diesen Übungen soll der Hund lernen, selbst aktiv zu handeln, wenn er das Rückrufsignal hört. Halten Sie aber Maß, was den Schwierigkeitsgrad anbetrifft, denn das Ziel ist ein hundertprozentiges Gelingen. Die Lernschritte finden Sie im Internet unter www.ulmer.de/skn beschrieben.

Schulung des Lobwortes

Das Lobwort soll nun bei jeder Übung, die Ihr Hund erfolgreich umgesetzt hat, vor der eigentlichen (Futter-)Belohnung eingesetzt werden. Auf diese Weise frischt es sich noch weiter auf. Hinweis: Setzen Sie das Lobwort auch jetzt immer noch in Kombination mit der nachfolgenden Futterbelohnung ein, denn zu schnell würde sich dann die bis jetzt aufgebaute positive Be-

> **Hinweis**
>
> In dieser Woche kommen zu den beiden Basisübungen (Signalaufbau für das Rückrufkommando und Leinenführigkeit) zwei weitere Übungen hinzu, die nun ebenfalls als **Basisübungen** umgesetzt werden sollen: das **Lobwort** und die **Blickkontakt-Übung**.

deutung wieder verlieren. Dies wäre einerseits schade, andererseits würde es zu Leistungseinbußen und mangelhaften Verknüpfungen bei den mit dem Lobwort bedachten Übungen führen.

Die Blickkontakt-Übung

Die Blickkontakt-Übung soll **draußen auf jedem Spaziergang** mehrfach geübt werden. Machen Sie es Ihrem Hund zur Regel, dass er bei allen Dingen, die er gerne erreichen möchte, erst einmal Blickkontakt zu Ihnen aufnehmen muss, bevor Sie Ihre Zustimmung zu seinem Vorhaben geben. Betrachten Sie diesen Blick Ihres Hundes wie eine Frage. Wer nicht fragt, bekommt keine Antwort (Erlaubnis). So einfach ist das!

Für das **Üben zu Hause** gibt es eine Abwandlung der Blickkontakt-Übung. Das Ziel ist hier nicht der „fragende Blick", also die Kontaktaufnahme, sondern Ihr Hund soll seine Konzentration möglichst lange und ohne Unterbrechung auf Sie richten. Dies kann später sehr nützlich sein. Diese Übung wird im Folgenden **Blick-Konzentration** genannt.

Übungsaufbau Blick-Konzentration

Nehmen Sie in eine Hand so viele Leckerchen, wie Sie fassen können. Achten Sie darauf, dass die Stückchen möglichst klein, aber schmackhaft sind. Lassen Sie Ihren Hund an der Hand schnüffeln und halten Sie die Hand dann etwa auf Halshöhe vor den Körper. Diese spezielle Handhaltung lernt der Hund in dieser Übung als Sichzeichen für dauerhafte Konzentration. Das Ziel ist, dass Ihr Hund zu

Der Hund schaut ganz gebannt auf die Signal-Hand.

Ihrer Hand hochschaut – und längerfristig auch nicht mehr wegsieht, bevor Sie schließlich die Übung beenden. Im Übungsaufbau senken Sie, sobald der Hund auf Ihre als Sichtzeichen eingesetzte Hand bzw. Faust schaut, die Hand auf Hundeschnauzenhöhe ab und lassen ihn ein Leckerchen aus der Hand fressen. Wichtig

ist, dass er merkt, dass die Hand noch immer reich gefüllt ist, denn die Übung geht auf gleiche Art nahtlos weiter. Sie heben Ihre Hand wieder bis zu Ihrem Hals hoch, der Hund schaut gebannt darauf, er erhält aus dieser Hand ein Leckerchen usw. In den ersten Durchgängen sollte die Vergabe der Leckerchen Schlag auf Schlag erfolgen.

Die Trainingsdauer ist auf eine Minute begrenzt. Ideal ist es, wenn Sie in dieser Zeit zwischen 20 und 40 kleinen Stückchen abgeben. Im späteren Verlauf dieser Übung wird daran gefeilt, die Zeit zwischen den Leckerchen und die Gesamtzeit der Übung auszudehnen. Hinweis: Diese Übung ist relativ anstrengend, weil sie **sehr konzentrationsintensiv** ist. Ein oder zwei Durchgänge pro Übungseinheit sind genug.

> **Tipp**
>
> Achten Sie darauf, dass Sie in dieser Übung nie „leerlaufen". Die Übung wird von Ihnen grundsätzlich mit Kommando (Freizeitsignal) aufgelöst und nicht etwa, weil keine Leckerchen mehr da sind. Sollte es also einmal an die letzten Leckerchen gehen, bevor die Zeit, die Sie sich für die Übung vorgenommen haben, vorüber ist, beenden Sie die Übung einfach vorzeitig mit Ihrem Freizeitsignal.

Übungsaufbau Blick-Konzentration

Tag	zu Hause:	draußen:
15	– Basisübung Rückruf	– Basisübung Rückruf
	– Basisübung Leinenführigkeit	– Basisübung Leinenführigkeit
	– Basisübung Lobwort	– Basisübung Lobwort
	– Basisübung Blick-Konzentration	– Basisübung Blickkontakt
	– BLEIB	– SITZ
	– Berührungen erdulden	– PLATZ
	– Maulkorbtraining	– AUS
	– AUS	– nah herankommen
	– Abbruchsignal	– Seitenwechsel
16	– Basisübung Rückruf	– Basisübung Rückruf
	– Basisübung Leinenführigkeit	– Basisübung Leinenführigkeit
	– Basisübung Lobwort	– Basisübung Lobwort
	– Basisübung Blick-Konzentration	– Basisübung Blickkontakt
	– SITZ	– SITZ
	– Berührungen erdulden	– BLEIB
	– Maulkorbtraining	– Abbruchsignal
	– AUS	– Maulkorbtraining
	– PLATZ	– aktiver Rückruf
17	– Basisübung Rückruf	– Basisübung Rückruf
	– Basisübung Leinenführigkeit	– Basisübung Leinenführigkeit
	– Basisübung Lobwort	– Basisübung Lobwort
	– Basisübung Blick-Konzentration	– Basisübung Blickkontakt
	– PLATZ	– PLATZ
	– Berührungen erdulden	– BLEIB
	– Maulkorbtraining	– Berührungen erdulden
	– AUS	– nah herankommen
	– nah herankommen	– aktiver Rückruf
18	– Basisübung Rückruf	– Basisübung Rückruf
	– Basisübung Leinenführigkeit	– Basisübung Leinenführigkeit
	– Basisübung Lobwort	– Basisübung Lobwort
	– Basisübung Blick-Konzentration	– Basisübung Blickkontakt

Tag	zu Hause:	draußen:
	– BLEIB	– BLEIB
	– nah herankommen	– aktiver Rückruf
	– Maulkorbtraining	– AUS
	– AUS	– Maulkorbtraining
	– Abbruchsignal	– Seitenwechsel
19	– Basisübung Rückruf	– Basisübung Rückruf
	– Basisübung Leinenführigkeit	– Basisübung Leinenführigkeit
	– Basisübung Lobwort	– Basisübung Lobwort
	– Basisübung Blick-Konzentration	– Basisübung Blickkontakt
	– BLEIB	– BLEIB
	– nah herankommen	– AUS
	– Berührungen erdulden	– aktiver Rückruf
	– Maulkorbtraining	– Berührungen erdulden
	– AUS	– nah herankommen
20	– Basisübung Rückruf	– Basisübung Rückruf
	– Basisübung Leinenführigkeit	– Basisübung Leinenführigkeit
	– Basisübung Lobwort	– Basisübung Lobwort
	– Basisübung Blick-Konzentration	– Basisübung Blickkontakt
	– SITZ	– SITZ
	– PLATZ	– PLATZ
	– AUS	– aktiver Rückruf
	– BLEIB	– Abbruchsignal
	– Abbruchsignal	– Maulkorbtraining
21	– Basisübung Rückruf	– Basisübung Rückruf
	– Basisübung Leinenführigkeit	– Basisübung Leinenführigkeit
	– Basisübung Lobwort	– Basisübung Lobwort
	– Basisübung Blick-Konzentration	– Basisübung Blickkontakt
	– nah herankommen	– BLEIB
	– Berührungen erdulden	– Berührungen erdulden
	– Maulkorbtraining	– AUS
	– Abbruchsignal	– aktiver Rückruf
	– BLEIB	– Seitenwechsel

Woche 4 – Lernziele und Hausaufgaben

In dieser Woche liegt der Trainings-schwerpunkt weiterhin auf der **Generalisierung**. Auch im öffentlichen Bereich sollen nun langsam **immer mehr Ablenkungen** eingeführt werden.

Achtung: Jeder Hund hat seine eigene Lerngeschwindigkeit. Das wichtigste Ziel ist, dass er die erlernten Übungen immer weiter festigen kann und trotz steigender Ablenkung stets fehlerfrei umsetzt. Behalten Sie daher immer im Blick, welches Maß an Steigerung für Ihren Hund ideal ist.

Generell gilt: **Weniger ist mehr**, denn dann besteht praktisch keine Gefahr für Fehler und die Übungen werden in kleinen Schritten immer weiter gefestigt.

Sollte es trotz aller Mühe dennoch einmal passieren, dass eine Übung misslingt oder sich der Hund nicht gut konzentrieren kann, fahrig ist oder Fehler macht, ist nicht gleich alles verloren! Schalten Sie in diesem Fall aber umgehend einen Gang runter und beginnen Sie die Übung noch einmal auf dem Niveau, auf dem Ihr Hund Bestleistung gezeigt hat, und nähern Sie sich dem höheren Trainingsanspruch in noch kleineren Schritten.

Die vier schon aus der dritten Trainingswoche bekannten Basisübungen bilden auch in dieser Woche das alltägliche „Pflichtprogramm", um weiterhin ein hohes Maß an Festigung zu erreichen. Auch in dieser Woche wird wieder intensiv am Rückruf gefeilt. Neben der Basisübung gibt es auch **aktive Rückrufübungen** (siehe Übungspool unter www.ulmer.de/skn).

Dieser Hund weiß, dass er beim Rückruf eine tolle Belohnung erhält.

Tag	zu Hause:	draußen:
22	– Basisübung Rückruf	– Basisübung Rückruf
	– Basisübung Leinenführigkeit	– Basisübung Leinenführigkeit
	– Basisübung Lobwort	– Basisübung Lobwort
	– Basisübung Blick-Konzentration	– Basisübung Blickkontakt
	– nah herankommen	– SITZ
	– Berührungen erdulden	– PLATZ
	– Maulkorbtraining	– AUS
	– AUS	– nah herankommen
	– Abbruchsignal	– aktiver Rückruf
23	– Basisübung Rückruf	– Basisübung Rückruf
	– Basisübung Leinenführigkeit	– Basisübung Leinenführigkeit
	– Basisübung Lobwort	– Basisübung Lobwort
	– Basisübung Blick-Konzentration	– Basisübung Blickkontakt
	– SITZ	– SITZ
	– Berührungen erdulden	– BLEIB
	– Maulkorbtraining	– Abbruchsignal
	– Abbruchsignal	– aktiver Rückruf
	– PLATZ	– Seitenwechsel
24	– Basisübung Rückruf	– Basisübung Rückruf
	– Basisübung Leinenführigkeit	– Basisübung Leinenführigkeit
	– Basisübung Lobwort	– Basisübung Lobwort
	– Basisübung Blick-Konzentration	– Basisübung Blickkontakt
	– BLEIB	– PLATZ
	– Berührungen erdulden	– aktiver Rückruf
	– Maulkorbtraining	– Berührungen erdulden
	– AUS	– nah herankommen
	– nah herankommen	– Abbruchsignal
25	– Basisübung Rückruf	– Basisübung Rückruf
	– Basisübung Leinenführigkeit	– Basisübung Leinenführigkeit
	– Basisübung Lobwort	– Basisübung Lobwort
	– Basisübung Blick-Konzentration	– Basisübung Blickkontakt
	– BLEIB	– BLEIB
	– nah herankommen	– Berührungen erdulden

Tag	zu Hause:	draußen:
	– Maulkorbtraining – Berührungen erdulden – Abbruchsignal	– AUS – Maulkorbtraining – aktiver Rückruf
26	– Basisübung Rückruf – Basisübung Leinenführigkeit – Basisübung Lobwort – Basisübung Blick-Konzentration – BLEIB – nah herankommen – Berührungen erdulden – Abbruchsignal – AUS	– Basisübung Rückruf – Basisübung Leinenführigkeit – Basisübung Lobwort – Basisübung Blickkontakt – BLEIB – aktiver Rückruf – Seitenwechsel – Berührungen erdulden – nah herankommen
27	– Basisübung Rückruf – Basisübung Leinenführigkeit – Basisübung Lobwort – Basisübung Blick-Konzentration – SITZ – PLATZ – Maulkorbtraining – BLEIB – Abbruchsignal	– Basisübung Rückruf – Basisübung Leinenführigkeit – Basisübung Lobwort – Basisübung Blickkontakt – SITZ – PLATZ – aktiver Rückruf – Abbruchsignal – Maulkorbtraining
28	– Basisübung Rückruf – Basisübung Leinenführigkeit – Basisübung Lobwort – Basisübung Blick-Konzentration – nah herankommen – Berührungen erdulden – Maulkorbtraining – AUS – BLEIB	– Basisübung Rückruf – Basisübung Leinenführigkeit – Basisübung Lobwort – Basisübung Blickkontakt – BLEIB – Berührungen erdulden – AUS – nah herankommen – aktiver Rückruf

Woche 5 – Lernziele und Hausaufgabe

Nun beginnt die letzte Woche des Intensivschulungsprogramms.

Der Trainingsschwerpunkt liegt weiterhin auf der Generalisierung der Übungen im öffentlichen Bereich. Ziel ist es, den Hund auch unter einem **sehr starken Ablenkungsniveau** sicher führen zu können und ihn in freudiger Art die Gehorsamsübungen umsetzen zu lassen.

Das Trainingsprogramm ist auf die **Stadt-Situation** zugeschnitten. Da in den meisten Städten Leinenpflicht besteht, werden in dieser Woche draußen keine aktiven Rückrufübungen umgesetzt. Um den Hund im Trainingsfluss zu halten, kann der aktive Rückruf zu Hause geübt und zur Freude des Hundes an ein Versteckspiel gebunden werden, indem Sie sich z. B. hinter einer Tür, einer Gardine o. Ä. verstecken und den Hund dann zu sich rufen. Geben Sie ihm so wenig Hilfestellung wie möglich und belohnen Sie ihn mit einer Qualitätsbelohnung, wenn er Sie nach dem eifrigen Suchen schließlich findet. Die Rückruf-Basisübung (Signalverknüpfung) sollte weiterhin sowohl drinnen als auch draußen zum Alltagsprogramm gehören.

Die seit der zweiten Woche zu Hause trainierte Blick-Konzentration (Dauerkonzentration) soll nun auch draußen umgesetzt werden.

Schritt für Schritt zum Stadtprofi

Die Anforderungen in der Stadt sind nicht immer gleich. Ihrem Hund zuliebe sollten Sie auch weiterhin den schrittweisen Übungsaufbau beherzigen! Selbst in einer Metropole lassen sich ruhigere Stellen finden, an denen die Ablenkung eher moderat ist. Verfolgen Sie die unter dem Stichwort Generalisierung (Seiten 68 und 69) aufgeführten Grundregeln des Übungsaufbaus, um den Leistungsaufbau immer mehr voranzutreiben. Geben Sie Ihrem Hund hierbei die Hilfestellung, die er zur perfekten Umsetzung der Übung (noch) benötigt, wenn Sie Unsicherheiten erkennen können. Gehen Sie in diesem Fall gegebenenfalls auch noch einmal einen Lernschritt zurück und vereinfachen Sie die Situation, indem Sie die Leistung auf niedrigerem Ablenkungsniveau weiter festigen.

Hinweis

Es ist keine Schande, auch noch einmal Übungen aus den vergangenen vier Wochen zu wiederholen oder die neuen Anforderungen sogar um eine volle Woche zu verschieben. Dies gilt speziell, wenn man sich eingestehen muss, dass man vielleicht auch selbst in Bezug auf die Umsetzung der Übungen nicht konsequent genug am Ball geblieben ist oder der Hund im Stadttrubel noch Schwierigkeiten hat, sich zu konzentrieren.

Im Laufen die Konzentration auf Sie richten zu können, ist das Resultat täglichen Trainings im Alltag.

Tag	zu Hause:	draußen:
29	– Basisübung Rückruf – Basisübung Leinenführigkeit – Basisübung Lobwort – Basisübung Blick-Konzentration – BLEIB – Berührungen erdulden – Maulkorbtraining – AUS – aktiver Rückruf	– Basisübung Rückruf – Basisübung Leinenführigkeit – Basisübung Lobwort – Basisübung Blickkontakt – SITZ – PLATZ – AUS – nah herankommen – Blick-Konzentration
30	– Basisübung Rückruf – Basisübung Leinenführigkeit – Basisübung Lobwort – Basisübung Blick-Konzentration – SITZ – Berührungen erdulden – Maulkorbtraining – AUS – PLATZ	– Basisübung Rückruf – Basisübung Leinenführigkeit – Basisübung Lobwort – Basisübung Blickkontakt – SITZ – BLEIB – Abbruchsignal – Maulkorbtraining – Blick-Konzentration
31	– Basisübung Rückruf – Basisübung Leinenführigkeit – Basisübung Lobwort – Basisübung Blick-Konzentration – PLATZ – Berührungen erdulden – Maulkorbtraining – AUS – nah herankommen	– Basisübung Rückruf – Basisübung Leinenführigkeit – Basisübung Lobwort – Basisübung Blickkontakt – Blick-Konzentration – BLEIB – Berührungen erdulden – nah herankommen – Abbruchsignal
32	– Basisübung Rückruf – Basisübung Leinenführigkeit – Basisübung Lobwort – Basisübung Blick-Konzentration – BLEIB – nah herankommen	– Basisübung Rückruf – Basisübung Leinenführigkeit – Basisübung Lobwort – Basisübung Blickkontakt – BLEIB – Blick-Konzentration

Tag	zu Hause:	draußen:
	– Maulkorbtraining	– AUS
	– AUS	– Maulkorbtraining
	– Abbruchsignal	– Seitenwechsel
33	– Basisübung Rückruf	– Basisübung Rückruf
	– Basisübung Leinenführigkeit	– Basisübung Leinenführigkeit
	– Basisübung Lobwort	– Basisübung Lobwort
	– Basisübung Blick-Konzentration	– Basisübung Blickkontakt
	– BLEIB	– BLEIB
	– nah herankommen	– AUS
	– Berührungen erdulden	– Seitenwechsel
	– aktiver Rückruf	– Berührungen erdulden
	– AUS	– Blick-Konzentration
34	– Basisübung Rückruf	– Basisübung Rückruf
	– Basisübung Leinenführigkeit	– Basisübung Leinenführigkeit
	– Basisübung Lobwort	– Basisübung Lobwort
	– Basisübung Blick-Konzentration	– Basisübung Blickkontakt
	– SITZ	– SITZ
	– PLATZ	– Blick-Konzentration
	– AUS	– BLEIB
	– BLEIB	– Abbruchsignal
	– Abbruchsignal	– Maulkorbtraining
35	– Basisübung Rückruf	– Basisübung Rückruf
	– Basisübung Leinenführigkeit	– Basisübung Leinenführigkeit
	– Basisübung Lobwort	– Basisübung Lobwort
	– Basisübung Blick-Konzentration	– Basisübung Blickkontakt
	– aktiver Rückruf	– Blick-Konzentration
	– Berührungen erdulden	– Berührungen erdulden
	– Maulkorbtraining	– AUS
	– Abbruchsignal	– nah herankommen
	– BLEIB	– Seitenwechsel

Fragen über Fragen

Am Puls der Zeit?

Rund ums Thema Hund hat sich in den letzten Jahren viel bewegt. Die Haltungsvorschriften sind strenger, aber auch tiergerechter geworden, die Erziehungsmethoden basieren mehr und mehr auf modernem Fachwissen.

Stellen Sie Ihr Wissen auf die Probe. Sind Ihre Wissensquellen auf dem aktuellen Stand und sind Sie somit am Puls der Zeit?

1 Woran erkennen Sie, dass Hunde miteinander spielen?

A   Sie zeigen sich entspannt und locker. Und animieren das Gegenüber gelegentlich durch eine Spielaufforderung.
B   Im Spiel ist jeder Hund einmal „Jäger" und „Gejagter". Diese Positionen wechseln sich immer wieder ab.
C   Hunde sind fast immer offen für Sozialkontakte. Somit ist alles als Spiel zu bezeichnen, wenn keine offenen Wunden entstehen.
D   Im Spiel wird ein Hund in die Ecke getrieben oder umgeworfen. Der „Unterlegene" quiekt hierbei laut auf, schnappt um sich und hat die Rute eingeklemmt.

2 Welche Grundveranlagung trägt jeder Hund in sich?

A   Hunde sind Jagdraubtiere.
B   Hunde sind eine vom Menschen geschaffene Tierart, deren Grundveranla-

gung darin besteht, Menschen zu dienen.
C   Hunde sind soziale Rudeltiere und für das Leben in einem Gruppenverband ausgerichtet.
D   Hunde sind Aasfresser. Sie suchen deshalb ständig nach toten Tieren.

3 Was ist zu überlegen, wenn man sich einen Hund anschaffen möchte?

A   Der ausgewählte Hund sollte von seiner Rasseveranlagung her möglichst gut in mein Leben passen. Sein Aussehen hingegen sollte nicht alleine ausschlaggebend für die Entscheidung sein.
B   Es könnten Probleme im Zusammenleben mit einem Hund auftreten. Habe ich dann die Geduld, Zeit und Kraft, mich darum zu kümmern?
C   Habe ich auch in den nächsten 12 bis 15 Jahren noch genug Zeit und Lust, einen Hund zu halten?
D   Kann ich für die Kosten einer optimalen Versorgung des Hundes – auch im Fall notwendiger medizinischer Behandlungen – aufkommen?

4 Welche Punkte muss man mindestens erfüllen, um einen Hund artgerecht zu halten?

A   Ein Hund braucht täglich Kontaktmöglichkeiten zu Menschen und/oder Hunden.
B   Ein Hund braucht jederzeit freien Zugang zu Wasser.
C   Hunde brauchen regelmäßig (mind. dreimal täglich) angemessene und ausreichend lange (mind. zwei Stunden am

Tag für einen gesunden Hund) Spaziergänge.

D   Im Krankheitsfall muss der Hund medi-
zinisch versorgt werden.

5   Was sind eindeutige Anzeichen von Angst oder Stress?

A   Der Hund gähnt und leckt sich häufig
über die Nase.
B   Er hechelt und hat dabei den Schwanz
eingeklemmt und die Ohren nach hinten
gelegt.
C   Der Hund macht sich klein und versucht
zu fliehen.
D   Er liegt flach auf der Seite und wedelt
mit dem Schwanz, wenn er angesprochen wird.

6   Hat die gleichzeitige Haltung mehrerer Hunde Vorteile?

A   Ja, so haben die Hunde immer einen arteigenen Sozialpartner. Dies ist speziell
wichtig, wenn man berufstätig und
mehrere Stunden am Tag außer Haus ist.
B   Nein, Hunde brauchen grundsätzlich keinen Kontakt zu anderen Hunden.
C   Ja, Hunde führen, wenn sie zu zweit oder
in größeren Gruppen gehalten werden,
ein artgerechteres Leben – vorausgesetzt, sie verstehen sich untereinander
gut.
D   Ja, der Hund, der als zweiter hinzu-
kommt, guckt sich alles Wesentliche von
dem oder den anderen Hund/en ab. Man
braucht kaum noch Erziehungsarbeit zu
leisten.

7   Ist es für den Hund eine genetisch verankerte Eigenschaft, problemlos längere Zeit allein zu bleiben?

A   Ja, denn auch Wölfe lassen immer ein
Tier allein zurück, wenn sie jagen gehen.
B   Nein, Wölfe können nur im Rudel überleben und lassen daher niemals ein einzel-
nes Gruppenmitglied allein zurück.
C   Ja, aber nur für manche Rassen.
D   Die Fähigkeit, mit Trennungssituationen
zurechtzukommen, ist keine ererbte Verhaltensweise.

8   Der Ausdruck Welpe gilt für Hunde ...

A   ... bis zu einem Jahr.
B   ... von Geburt an bis zum Beginn des
Zahnwechsels im vierten Lebensmonat.
C   ... bis zum Einsetzen der Geschlechts-
reife.
D   ... bis sie auf feste Nahrung umgestellt
werden.

9   An welchen Details erkennen Sie eine empfehlenswerte Welpenspielgruppe?

A   Es sind Welpen unterschiedlicher Rassen
zugelassen.
B   Ein Welpe wird vom Trainer sofort
bestraft, wenn er aggressives Verhalten
zeigt, denn die Hunde sollen eine gute
Sozialverträglichkeit lernen.
C   Es dürfen nur gesunde Hunde bis zu
max. einem Jahr teilnehmen.
D   Den Welpen werden unter Berücksichtigung des individuellen Levels viele verschiedene Reizsituationen geboten,
damit sie „umweltsicher" werden.

10 Hunderassen unterscheiden sich ...

A ... nur rein äußerlich (Fellfarbe und -länge).
B ... äußerlich und in Bezug auf ihre Veranlagung.
C ... nur anhand der Größe.
D ... durch unterschiedliche Zuchtziele (anhand des ursprünglichen Verwendungszwecks der Rasse).

11 Wenn Hunde Kinder verletzen, dann oft im Gesicht. Warum?

A Das Gesicht des Kindes ist häufig ungefähr auf Schnauzenhöhe, sodass der Hund bei einem Kind schneller als bei einem Erwachsenen das Gesicht trifft, wenn er schnappt oder beißt.
B Kinder umarmen Hunde gerne und geben ihnen Küsse. Einigen Hunden ist diese Nähe zu viel und sie versuchen sich durch Schnappen aus der Situation zu befreien.
C Die Gesichtsverletzungen entstehen meist nicht durch Bisse, sondern wenn die Kinder angesprungen werden und dabei hinfallen.
D Hunde verletzen unbeabsichtigt gelegentlich das Gesicht eines Kindes. Im Grunde wollten sie dem Kind über das „Lefzenlecken" Beschwichtigung signalisieren.

12 Welche Erfahrungen sind für ein problemloses Zusammenleben in der menschlichen Gesellschaft für einen Welpen wichtig?

A Er sollte viele positive Begegnungen mit verschiedenen Menschen aller Altersstufen (von Babys bis zu alten Menschen) haben.
B Er sollte mit Umweltreizen konfrontiert werden und beispielsweise auch an Fahrten mit öffentlichen Verkehrsmitteln oder generell der Teilnahme am turbulenten Straßenverkehr vorbereitet sein.
C Welpen sollten möglichst viel in Haus oder Wohnung bleiben, damit sie nicht überfordert werden.
D Für Welpen sind Aufenthalte im Zwinger ideal, denn so kann der Welpe lernen, auch einmal alleine zu bleiben.

13 Was ist bei der Welpenerziehung wichtig?

A Mit der Erziehung sollte man grundsätzlich nicht in Welpentagen, sondern frühestens mit einem halben Jahr anfangen.
B Welpen können sich immer nur für kurze Zeitspannen konzentrieren.
C Einem Welpen sollte erwünschtes Verhalten in kleinen Schritten vermittelt und unerwünschtes über Managementmaßnahmen verhindert werden.
D Am besten ist es, wenn der Welpe mit einem erwachsenen Hund zusammenleben kann, denn dann übernimmt dieser die artgerechte Erziehung.

14 Was spricht gegen den Erwerb eines Welpen aus dieser Quelle?

A Die Mutterhündin verbellt alle Personen, die in die Nähe kommen. Die Welpen tun es ihr gleich und verstecken sich.
B Die Hunde haben keine Papiere.
C In der Zuchtstätte ist es unaufgeräumt und die Hunde sind schmuddelig, weil sie in einer Kiste mit Laub und Erde spielen.
D Die Welpen laufen fröhlich und unbedarft auf jede Person zu.

15 Wann sollten Sie davon absehen, sich einen Hund anzuschaffen?

A Wenn der Hund deutlich mehr als sechs Stunden täglich alleine sein müsste.
B Wenn absehbar ist, dass sich Berufs- oder Lebenssituation ändern werden und nicht sicher ist, ob eine artgerechte Hundehaltung dann noch möglich ist.
C Wenn Sie keinen Garten haben.
D Wenn Sie selbst oder ein Familienmitglied eine starke Allergie auf Hundehaare hat.

16 Welche Haltungsform ist für den Hund wenig artgerecht und damit tierschutzrechtlich bedenklich?

A Einen gesunden Hund täglich dreimal für jeweils 20 Minuten an einer kurzen Leine auszuführen.
B Die Haltung eines Hundes ohne Kontakt zu Sozialpartnern.
C Ein Einzeltier in der Wohnung oder im Zwinger mehr als acht Stunden täglich alleine zu lassen.
D Die Haltung eines Hundes im Keller ohne Tageslicht.

17 Ab welchem Alter sollten Sie beginnen, mit dem Welpen Übungen umzusetzen?

A Das Alter ist egal. Wichtig ist, dass der Hund vorher ca. drei Wochen Zeit hatte, sich bei mir einzuleben.
B Das Alter ist egal. Ich kann sofort mit einfachen Übungen anfangen. Wichtig ist, dass der Welpe keine Angst hat und nicht zu aufgeregt ist.
C Gehorsamstraining sollte man nicht vor sechs Monaten beginnen, denn ein Welpe ist noch unreif.
D Im Welpenalter muss man dem Welpen nur die Regeln der Stubenreinheit vermitteln. Für das Lernen von anderen Inhalten oder Gehorsamsübungen ist der Hund noch zu jung.

18 Warum sind die ersten drei Monate im Leben eines Hundes so entscheidend?

A Die Hunde sammeln in dieser Zeit Erfahrungen, die ihnen im späteren Leben als Vergleichsmaßstab dienen.
B Die ersten drei Monate sind gar nicht so entscheidend. Alle wichtigen Erfahrungen kann ein Hund auch zu einem späteren Zeitpunkt im Leben machen.
C In dieser Zeit entwickelt sich das Gehirn besonders schnell. Durch gute Aufzuchtbedingungen kann man die Lernfähigkeit fördern und den Hund bestens auf alle Bedingungen des Lebens vorbereiten.
D Hunde können nur in dieser Zeit eine feste Bindung an ihren Besitzer entwickeln.

19 Was können Sie tun, wenn Sie nach einigen problematischen Begegnungen mit anderen Hunden feststellen, dass sich der eigene Hund mit Artgenossen nicht verträgt?

A Sie suchen Rat bei einem Hundetrainer, der moderne Methoden der Hundeerziehung anwendet oder einem Tierarzt, der auf Verhaltenstherapie spezialisiert ist.
B Man kann nicht mehr tun, als dem Hund einen Maulkorb anzulegen. Das Verhalten kann man nicht beeinflussen.
C So einen Hund sollten Sie nicht behalten, sondern ins Tierheim geben oder einschläfern lassen, denn er stellt eine Gefahr dar.
D Sie brauchen nichts zu unternehmen, denn es ist normal, dass sich Hunde auf dem Spaziergang mit Artgenossen beißen.

20 Welche Rechtsgebiete können für Hundehalter relevant sein?

A Strafrecht, Zivilrecht und Ordnungswidrigkeitenrecht.
B Kommunale Bestimmungen.
C Tierschutzrecht.
D Keines, denn man kann sich notfalls immer damit herausreden, dass man den Gesetzestext nicht kennt, wenn man gegen ein Gesetz oder einer Verordnung verstoßen hat.

21 Ist reine Kettenhaltung für Hunde in Deutschland erlaubt?

A Ja, aber die Kette muss mindestens zwei Meter lang sein und der Hund muss an der Kette dennoch täglich gefüttert werden.
B Nein, eine reine Kettenhaltung ist in Deutschland verboten.
C Ja, es gibt diesbezüglich gar keine besonderen Bestimmungen.
D Nein, aber Hunde dürfen an einer speziellen Laufleinenvorrichtung angebunden gehalten werden. Diesbezügliche Regelungen stehen in der Tierschutz-Hundeverordnung.

22 Wann kann eine Scheinträchtigkeit bei einer Hündin auftreten?

A 4–9 Wochen nach der Läufigkeit.
B Hündinnen werden nur scheinträchtig, wenn sie gedeckt wurden, aber die Eizellen nicht befruchtet worden sind.
C Jederzeit, vor allem, wenn Spielzeug frei herumliegt, das die Hündin als „Scheinwelpen" annehmen kann.
D Direkt nach der Läufigkeit.

23 Gibt es Gründe, weshalb sich ein Hund, der gefördert wurde, ggf. ungehorsam und aufmüpfig verhält?

A Nein, so etwas tritt bei Hunden, die gefördert wurden, nicht auf.
B Ja, in der Flegelzeit ist dies ganz normal und absolut unvermeidbar.
C Ja, es kann sein, dass der Hund glaubt, er sei der Nabel der Welt und alles drehe sich nur um ihn.

D Ja, und zwar, wenn in der Ausbildung Futter als Belohnung eingesetzt wurde.

24 Was gibt es bei Übungen mit einem Welpen zu beachten?

A Man sollte konsequent, aber liebevoll mit ihm umgehen.
B Man sollte ihm viele Reizsituationen bieten, um ihn an Alltagssituationen zu gewöhnen. Aber es ist hierbei essentiell, dass die Erlebnisse als etwas Positives wahrgenommen werden können.
C Einen Welpen sollte man niemals grob körperlich bestrafen, denn sonst verliert er das Vertrauen in den Menschen.
D Die Übungen sollten spielerisch aufgebaut werden, denn so lernt der Welpe in einer stressfreien Übungsatmosphäre.

25 Ein Welpe oder ein Kind ist einem Hund gegenüber sehr aufdringlich. Welche Verhaltensweisen sind zu erwarten und als Normalverhalten von Hunden zu betrachten?

A Knurren.
B Die Lefzen kräuseln.
C Hier gibt es keine Besonderheiten. Kinder und Welpen haben bei erwachsenen Hunden uneingeschränkt Narrenfreiheit, deswegen tut der Hund nichts.
D Schnappen oder Beißen, wenn die Situation es aus Hundesicht erfordert.

26 Ist es in Deutschland erlaubt, einem Hund Ohren und Rute zu kupieren?

A Ja, aber nur innerhalb der ersten 12 Wochen, weil die Hunde in dieser Zeit noch kein Schmerzempfinden haben.
B Ja, schließlich ist es in bestimmten Rassestandards vorgeschrieben.
C Nein, es ist in privater Haltung grundsätzlich verboten.
D Es gibt diesbezüglich in Deutschland keine Regelungen. Man kann es handhaben, wie man möchte.

27 Woran können Sie erkennen, ob sich ein Hund einem anderen gegenüber dominant verhält?

A Er legt sich entspannt auf die Seite und wedelt.
B Er macht sich groß (Ohren nach vorne, Schwanz hoch, steifer Gang) und weicht Blickkontakt nicht aus.
C Er bellt und legt die Ohren an.
D Er legt Schnauze oder Pfote auf den Rücken des anderen Hundes.

28 Ein sonst aktiver Hund ist ungewöhnlich ruhig und interessiert sich nicht besonders für das tägliche Geschehen. Was könnte das bedeuten?

A Er könnte krank sein. Ich teste dies, indem ich ihm sein Lieblingsfutter anbiete. Wenn er es annimmt, ist alles in Ordnung.
B Er könnte traurig sein. Man sollte sich besonders intensiv um den Hund kümmern, um ihn aufzumuntern.

C Vermutlich hat er sich am Tag zuvor sehr stark verausgabt. Es ist nicht schlimm, wenn der Hund ruhig ist.

D Das veränderte Verhalten kann ein Hinweis darauf sein, dass mit dem Tier etwas nicht stimmt. Man sollte das beim Tierarzt abklären lassen.

29 Was bedeutet es, wenn zwei Hunde sich direkt in die Augen starren?

A Sie mögen sich sehr und wollen miteinander spielen.

B Es ist eine freundliche Geste (eine sogenannte Beschwichtigungsgeste).

C Auf diese Weise bedrohen sie sich gegenseitig.

D Es handelt sich hierbei um eine Geste aus der Welpenzeit. Die Mutterhündin wird bei solch einem Verhalten ihrer Welpen zum Hervorwürgen von Nahrung angeregt. Manche Junghunde oder sogar erwachsene Hunde behalten diese Geste lebenslang bei.

30 Ist ein Rüde nach einer Kastration immer weniger aggressiv gegenüber anderen Rüden?

A Uneingeschränkt ja.

B Grundsätzlich nein.

C Nein, nicht immer. Ob die Kastration als „Therapie" gegen die Aggression erfolgreich ist, hängt unter anderem vom Alter ab.

D Nur, wenn die männlichen Geschlechtshormone die Ursache für das aggressive Verhalten sind.

31 Auf einem Spaziergang führe ich meinen Hund ohne Leine. Uns kommt ein anderer unangeleinter Hund entgegen, der sich in geduckter Haltung schleichend nähert. Mein Hund nimmt mit mir Blickkontakt auf. Was ist zu tun?

A Ich ändere die Wegrichtung, sodass wir nicht mehr frontal auf den anderen Hund zusteuern. Auf diese Weise schaffe ich die Möglichkeit für mehr Distanz.

B Ich bitte den anderen Hundehalter seinen Hund zurückzurufen, denn ich weiß, dass das Anlauern des anderen Hundes eine Angriffsvorbereitung ist. Ob der Angriff spielerischer Natur ist oder nicht, kann ich nicht erkennen.

C Ich binde meinen Hund in eine Übung ein oder lasse ihn, wenn er noch Trainingsanfänger ist, an einem Lockmittel (Spielzeug oder Futter) laufen. So gehen wir schnellstmöglich an dem anderen Hund vorbei.

D Ich mache nichts oder ermuntere meinen Hund voranzulaufen. Unangeleinte Hunde sollten alle Situationen lieber unter sich klären.

32 Welche Gesten setzen Hunde in stressreichen Situationen zur Beschwichtigung ein?

A Das Sich-über-die-Nase-Lecken.

B Pföteln.

C Den Blick abwenden.

D Einen starren Blick nach vorne.

33 Ist es zwingend erforderlich, mit einem Welpen eine Welpenspielgruppe zu besuchen?

A   Ja, sonst kann er niemals ein normales Sozialverhalten lernen.

B   Nein, aber in einer fachgerecht geleiteten Gruppe können viele Förderungselemente umgesetzt werden.

C   Nein, denn es ist wichtig, dass der Welpe mit Hunden aller Alterstufen Kontakt hat. Er sollte daher in einen Gehorsamkurs für Anfänger gehen, in dem Hunde im Alter zwischen 8 Wochen und 18 Monaten zugelassen sind.

D   Ja, aber nur wenn diese Gruppe beim Züchter stattfindet und er dort weiterhin Kontakt zu seinen Geschwistern und im Idealfall auch zu der Mutterhündin hat. Alles andere würde den Welpen zu sehr belasten.

34 Zwei Hunde kämpfen miteinander. Die Besitzer stehen daneben und schreien die Hunde an, um den Kampf zu beenden. Wie interpretieren ihre Hunde dieses Verhalten?

A   Durch das Anschreien bekommen die Hunde Angst und beenden den Kampf umgehend.

B   Durch die aggressive Stimmung der Besitzer werden die Hunde meist noch aufgeregter und ggf. hierdurch zusätzlich angestachelt weiterzukämpfen.

C   Das Schreien der Besitzer beeinflusst das Verhalten der Hunde in keiner Weise.

D   Hunde interessieren sich generell nicht für das Verhalten von Menschen. Auch das Anschreien bleibt somit ohne Bedeutung.

35 Wie häufig sollte ein Hund entwurmt werden?

A   Ein Hund muss nicht entwurmt werden, der Darm reinigt sich selbst.

B   Immer nach einer positiven Kotuntersuchung oder prophylaktisch alle drei Monate, denn ein Hund kann sich jederzeit mit Würmern infizieren.

C   Einmal nach dem Absetzen der Muttermilch.

D   Wenn man täglich eine Knoblauchzehe füttert, kann der Hund keine Würmer bekommen.

36 Ist es für die Entwicklung des Welpen sehr wichtig, in seinen ersten Lebenswochen zahlreiche Außenreize kennenzulernen?

A   Ja, die unterschiedlichen Reize, die der Welpe kennenlernt, sorgen dafür, dass die entsprechenden Verknüpfungen der Nervenbahnen in seinem Gehirn verstärkt werden.

B   Ja, denn vielfältige Reizsituationen geben dem Welpen Lebenserfahrung und erleichtern so den Umgang mit neuen Situationen.

C   Nein, denn Hunde können in den ersten Lebenswochen noch gar keine Reize verarbeiten.

D   Nein, denn die Entwicklung des Gehirns geschieht automatisch. Sie hängt nicht vom Angebot verschiedener Reize ab.

37 Was sind Anzeichen eines Flohbefalls?

A Der Hund kratzt sich häufiger als sonst.
B Flohbefall kann nur der Tierarzt mit einem aufwendigen Testverfahren feststellen.
C Beim Kämmen findet man kleine schwarze Krümel im Fell.
D Wenn ich den Hund vor eine helle Wand stelle, sehe ich auf dem Rücken die Flöhe springen.

38 Gibt es Dinge, die man prophylaktisch tun kann, damit der Hund gesund bleibt?

A Ja, der Hund sollte regelmäßig (mindestens einmal pro Jahr) tierärztlich untersucht werden.
B Ja, man sollte den ganzen Körper z. B. beim Bürsten täglich genau anschauen, um Veränderungen oder Parasitenbefall sofort zu erkennen.
C Ja, der Hund sollte nur das beste Futter bekommen. Das ist in aller Regel auch das teuerste.
D Ja, mindestens einmal wöchentlich sollte man den Hund baden.

39 Warum reagieren viele Hunde aggressiver, wenn sie angeleint geführt werden?

A Sie sind an der Leine mutiger, weil sie ihren Halter als „Mittäter" einschätzen.
B Hunde können sich an der Leine nicht frei bewegen und ausweichen und fühlen sich schneller bedroht. Das Verhalten hat den Charakter „Angriff ist die beste Verteidigung".

C Hunde haben dieses Verhalten als Strategie gelernt, um Situationen, die sie stressen, schneller beenden oder sogar für sich entscheiden zu können.
D Hunde ärgern sich darüber, dass sie angeleint sind und übertragen ihre Wut auf den entgegenkommenden Hund.

40 Bei Ihrer Rückkehr sehen Sie, dass Ihr Hund einen Haufen in die Wohnung gemacht hat. Warum kommt Ihr Hund geduckt zu Ihnen?

A Er hat ein schlechtes Gewissen.
B Er hat Angst vor meiner Reaktion.
C Vermutlich hat er Bauchschmerzen.
D Der Hund kommt mir unterwürfig entgegen, um mich zu beschwichtigen.

41 Bilden Hunde, die sich zufällig draußen treffen, eine stabile Rangordnung aus?

A Nein, nur Hunde, die miteinander verwandt sind, bilden eine Rangordnung.
B Nein, eine stabile Rangordnung bildet sich nur, wenn die Hunde zusammenleben oder sich mehrmals täglich sehen und dann für längere Zeit in direktem Kontakt stehen.
C Ja, allerdings nur, wenn der Kontakt länger als fünf Minuten dauert.
D Ja, denn Hunde stellen immer, wenn sie sich treffen, eine Rangordnung auf.

42 Ich beuge mich über einen Hund und möchte ihn streicheln. Er duckt sich und knurrt. Ich mache mich klein und strecke ihm meine Hand entgegen, damit er daran schnüffeln kann. In diesem Moment schnappt er nach mir. Was könnte der Grund dafür sein?

A Es ist klar, dass ein Hund, der so reagiert, früher geschlagen worden sein muss.
B Vermutlich hat er die Geste des Hand-ausstreckens als Bedrohung empfunden.
C Solch ein Verhalten ist nicht zu erklären. Der Hund ist verhaltensgestört.
D Es ist normal, dass Hunde Gegner atta-ckieren, die schwächer sind. Dadurch, dass man sich klein gemacht hat, hat man dem Hund signalisiert, schwächer zu sein als er.

43 Wie sollten Sie dem Hund das Fressen darreichen?

A Futter muss immer zur freien Verfügung bereitstehen, denn Hunde wissen selbst am besten, wie viel sie brauchen.
B Unbedingt zweimal täglich im Napf, zwischendurch darf der Hund nichts bekommen.
C Hunde brauchen weder einen festen Fütterungsort noch feste Fressenszeiten. Die gesamte Tagesration in Übungen als Futterbelohnung oder zur spielerischen Beschäftigung einzusetzen, ist nicht gesundheitsschädlich.
D Eine sinnvolle Regel im Alltag ist es, den Hund vor der Fütterung und vor der Verteilung eines Snacks stets ein paar Übungen ausführen zu lassen, damit er sich an das Prinzip „Leistung wird bezahlt" gewöhnt.

44 Welche Verhaltensweisen zeigt ein ängstlicher Hund, der sich bedroht fühlt?

A Er pinkelt unter sich.
B Er greift an, wenn er nicht ausweichen kann.
C Er bettelt nach Futter.
D Er versucht zu fliehen.

45 Können Hunde die menschliche Sprache verstehen?

A Hunde können die Bedeutung bestimm-ter Worte lernen.
B Hunde können den Klang unterscheiden.
C Nein, sie können aber in der Sprache einzelne Wörter wiedererkennen, deren Bedeutung sie gelernt haben.
D Ja, Sprache zu verstehen ist für Hunde kein Problem.

46 Eine gute Beziehung des Hundes zu seinem Besitzer erkennt man daran, dass...

A ... er sich häufig an ihm orientiert.
B ... der Besitzer liebevoll mit seinem Hund schmust.
C ... Hund und Besitzer ausgelassen mit-einander spielen.
D ... der Hundehalter seinem Hund sofort ein Futterstückchen gibt, wenn dieser nach einem Leckerchen bettelt.

47 Mein Hundetrainer fragt mich, ob ich bereit bin, meinen 6 Monate alten Hund für eine sogenannte Resozialisierungsmaßnahme zur Verfügung zu stellen, weil er so besonders lieb und souverän ist. Er erklärt mir, dass er das Verhalten von einem Hund, der wegen eines schweren Beißvorfalls mit einem Artgenossen vorstellig wurde, testen muss.

A Ich lehne ab und wechsle umgehend die Hundeschule.
B Ich bin geschmeichelt und stimme zu.
C Ich frage nach den genauen Bedingungen. Als ich höre, dass es ein freies Treffen auf einer Wiese sein soll und der andere Hund weder mit Leine noch mit Maulkorb gesichert geführt wird, weil er sonst ausrastet, lehne ich ab und wechsle die Hundeschule.
D Ich frage nach den Bedingungen. Als ich höre, dass ich für dieses Spezialtraining 50 EUR erhalten werde, stimme ich sofort zu.

48 Ist es Spiel, wenn eine Gruppe von Hunden einem unsicheren Hund hinterherrennt und ihn in die Enge drängt?

A Nein, solche ein Verhalten ist als Beuteaggression zu bezeichnen.
B Nein, es handelt sich um Mobbing.
C Nein, diese Beschreibung trifft auf einen Kommentkampf zu.
D Ja, das ist eine typische Spielsituation.

49 Wie stellen Sie zwischen sich und Ihrem Hund die Rangordnung klar?

A Sie warten, bis Ihr Hund ein Rangprivileg für sich in Anspruch nimmt oder in einer Übung einen Fehler macht und unterwerfen ihn dann, indem Sie ihn mit Schwung auf den Rücken drehen und dort einen Moment lang festhalten.
B Sie achten darauf, dass Sie selbst derjenige sind, der zum größten Teil zu gemeinsamen Beschäftigungen auffordert.
C Sie ignorieren aufdringliches und forderndes Verhalten des Hundes.
D Sie essen demonstrativ vor den Augen Ihres Hundes und geben ihm von diesem Essen nichts ab.

50 Was kann das Vertrauensverhältnis zwischen Hund und Halter nachhaltig schwächen?

A Direkte körperliche Strafen.
B Ein Maßregeln des Hundes, wenn er in einer Situation unerwünschtes und/oder ängstliches Verhalten zeigt.
C Viel Beschäftigung mit dem Hund.
D Aus Hundesicht unlogisches Verhalten.

51 Benennen Sie typische Jagdverhaltensweisen.

A Anschleichen und Vorstehen.
B Schütteln der Beute.
C Hetzen.
D Knurren.

52 Ich habe meinem Hund einen Kauknochen gegeben, mit dem er sich auf seinen Liegeplatz zurückgezogen hat. Ich wende mich ihm dort zu und er knurrt mich an. Was ist zu tun?

A Ich entferne mich in diesem Moment, um die Situation nicht eskalieren zu lassen. Aber ich suche umgehend Rat bei einem Tierarzt mit der Fachspezialisierung „Verhaltenstherapie" oder einem speziell geschulten Hundetrainer, der mir in dieser Fragestellung weiterhelfen kann, denn an diesem Aggressionsproblem sollte fachgerecht gearbeitet (trainiert) werden.

B Ich bestrafe meinen Hund, indem ich ihn anschreie, am Nackenfall packe und schüttele. Danach nehme ich ihm den Knochen weg.

C Ich trickse meinen Hund aus, indem ich ihn ablenke und ihm dann heimlich den Knochen wegnehme. Ich realisiere, dass mein Hund ein „Ressourcen-Verteidigungsverhalten" zeigt und werde dies in den nächsten Wochen und Monaten über positive Trainingsinhalte fachgerecht ausarbeiten.

D Ich lobe ihn, denn er soll wachsam sein. Um ihm aber gleichzeitig zu vermitteln, dass ich ranghoch bin, esse ich vor seinen Augen eine Scheibe Wurst.

53 Ich bin zuhause und bereite das Mittagessen zu. Mein Hund ist bei mir und bettelt. Was kann ich tun?

A Ich leine ihn an, sodass ich ihn im Blick habe, aber er mich nicht länger belästigen kann und ignoriere ihn dann.

B Ich gebe ihm ein mit Futter gefülltes Hundespielzeug zur Beschäftigung.

C Ich gebe ihm etwas von den Nahrungsmitteln ab, denn er handelt aus reinem Hungergefühl, schließlich liegt seine Morgenmahlzeit schon mehr als drei Stunden zurück.

D Ich packe ihn und drücke ihn auf den Boden. Betteln darf nicht toleriert werden, denn sonst gewinnt der Hund schnell die Oberhand und könnte in Zukunft auch innerfamiliär aggressiv reagieren.

54 Dürfen Hunde Geflügelknochen fressen?

A Nein, Hunde sollten generell keine Anteile von Geflügel bekommen.

B Nein, die Knochen splittern im gekochten Zustand leicht und verursachen Verletzungen im Verdauungsapparat.

C Nein, die Knochen können sich zwischen den Zähnen verkeilen.

D Ja, Geflügel ist generell leicht verdaulich.

55 Heute kommt Besuch von Freunden. Sie bringen ihren sechsjährigen Sohn mit. Die Eltern haben mir gesagt, dass der Junge Angst vor Hunden hat.

A Ich weiß, dass mein Hund keine Kinder mag. Daher erkläre ich dem Kind sofort, dass er meinen Hund nicht anfassen darf.

B Ich weiß, dass mein Hund keine Kinder mag. Daher bringe ich ihn in einem anderen Raum unter und gebe ihm einen Kauknochen zur Beschäftigung solange mein Besuch da ist.

C Ich weiß, dass mein Hund mit Kindern gut vertraut ist, daher lasse ich ihn bedenkenlos zum Kind laufen und erkläre dem Jungen, dass er sich nicht fürchten muss.

D Ich weiß, dass mein Hund mit Kindern gut vertraut ist. Ich halte ihn bei der Begrüßung angeleint unter Konzentration und bespreche mit den Eltern und dem Kind, ob ich den Hund lieber in einem anderen Raum unterbringen soll oder ob ein Kontakt erwünscht ist. Falls Letzteres der Fall ist, erkläre ich dem Jungen, wie er mit meinem Hund Kontakt aufnehmen kann.

56 Was sind typische „Fehler" von Kindern bei Begegnungen mit einem Hund?

A Dem Hund direkt in die Augen zu starren.

B Den Hund nicht anzuschauen.

C Die Arme hochzureißen, zu schreien oder wegzurennen.

D Dem Hund über den Kopf zu streicheln.

57 Ist es eine Frage des Alters, ob das Zusammenleben Kind und Hund reibungslos funktioniert?

A Ja, und zwar bezieht sich dies auf das Kinderalter. Hunde kommen dann mit Kindern zurecht, wenn sie als Welpen mit Kindern dieser bestimmten Altersklasse ausreichend sozialisiert sind.

B Nein, das hat mit dem Alter nichts zu tun. Ein Hund fühlt sich innerhalb der Familie in jedem Fall rangniedriger als die Kinder.

C Indirekt ja, denn reifere Jugendliche werden von vielen Hunden als Erwachsene eingestuft.

D Ja, und zwar bezieht sich dies auf das Hundalter. Ein älterer Hund lässt sich durch Kinder überhaupt nicht aus der Fassung bringen. Ein Welpe hingegen kann, beispielsweise wenn Kinder rennen, zum Toben verleitet werden und hierbei ggf. auch spielerisch schnappen.

58 Welche Tierart war der Ursprung des Domestikationsprozesses für Hunde?

A Goldschakale.

B Wölfe.

C Kojoten.

D Dingos.

59 Was geschieht im Falle eines Unfalls, wenn ein Hund ungesichert im Auto transportiert wird?

A Da ein Hund ja zumeist im Auto liegt, kann nichts Schlimmes passieren.

B Da es vorgeschrieben ist, Hunde im Auto nur gesichert zu transportieren, kann der Tierhalter belangt werden.

C Bei einem Autounfall kann der Hund ein nicht unerhebliches Verletzungsrisiko für Fahrer und Mitfahrer darstellen und auch selbst schwer verletzt werden.

D Unabhängig vom Unfallhergang kann dem Fahrer eine Teilschuld zugesprochen werden.

60 Welche Nachteile kann die Kastration einer Hündin bringen?

A Im Einzelfall können Fellveränderungen auftreten.
B Kastrierte Hündinnen werden immer dick.
C Ein kleiner Prozentsatz der kastrierten Hündinnen wird inkontinent.
D Hündinnen werden in aller Regel durch die Kastration gefährlich aggressiv.

61 Worauf müssen Sie bei der Sozialisierung eines Hundes auf Kinder achten?

A Der Hund sollte im Welpenalter ausreichend häufig positiven Kontakt zu Kindern aller Altersstufen haben.
B Welpen sollten Kinder nur aus der Ferne betrachten können, um sich an sie zu gewöhnen.
C Ein einmaliger Kontakt mit einem Kind genügt für den Hund, um ausreichend auf Kinder sozialisiert zu sein.
D Der Hund sollte besonders im Welpenalter streng vor Kindern abgeschirmt werden, denn Kinder verhalten sich immer zu ungestüm. Sie wollen Welpen auch oft ärgern, was ihn traumatisieren könnte.

62 Gibt es rassetypische Eigenschaften oder sind alle Hunde gleich?

A Hunde haben alle die gleichen Eigenschaften.
B Je nach Zuchtziel weisen Hunde in den einzelnen Rassen unterschiedliche Veranlagungen auf.

C Hunde unterscheiden sich nur durch ihr äußeres Erscheinungsbild.
D Rassetypische Eigenschaften gibt es nicht, aber anhand der Größe kann man leicht eine definitive Einteilung in „kinderfreundlich", „gefährlich", „gut zu erziehen" etc. treffen.

63 Ein fremder Hund kommt auf mich und mein Kind zugestürmt. Wie soll ich mich verhalten?

A Ich schütze mein Kind, indem ich es je nach Alter auf den Arm nehme oder mich zwischen das Kind und den Hund stelle. Hierbei bleibe ich ruhig stehen, um kein Anspringen oder Schnappen zu provozieren.
B Ich schaue dem Hund scharf in die Augen und verjage ihn.
C Ich erkläre meinem Kind, dass alle Hunde ganz lieb sind, dass es keine Angst zu haben braucht und ermuntere es, dem fremden Hund über den Kopf zu streicheln.
D Ich reiße die Arme hoch und schreie den Hund an.

64 Gibt es als „artgerecht" zu bezeichnende Strafen?

A Ja, ignorieren, wenn es die Situation zulässt.
B Ja, lautes Anschreien und gleichzeitiges leichtes Schlagen mit der Zeitung.
C Ja, ein fester Klaps auf den Po, denn Hunde untereinander sind auch nicht zimperlich.
D Nein, Strafen können niemals „artgerecht" sein.

65 Mein Hund zögert, nach dem Spaziergang ins Auto zu springen. Die wahrscheinlichste Ursache ist:

A Er möchte gerne noch länger spazieren gehen.
B Er hat Schmerzen beim Springen.
C Er fährt nicht gerne Auto.
D Er testet mit diesem Verhalten, wer der Chef von uns beiden ist.

66 Welche Regeln sollten Kinder für Begegnungen mit fremden Hunden kennen und einhalten?

A Sie sollten an einem fremden Hund mit so viel Abstand, dass sie sich wohl fühlen in normaler Art vorbeigehen, ohne den Hund anzusehen bzw. anzusprechen. Wenn der Hund sich ihnen nähert, sollten sie ruhig stehen bleiben und es weiterhin vermeiden, den Hund anzusehen.
B Vor einem Kontakt sollte der Halter gefragt werden, ob der Hund freundlich ist und sie sich dem Hund nähern und ihn ggf. sogar anfassen dürfen.
C Um zu beweisen, dass sie keine Angst vor Hunden haben, sollten sie schnellen Schrittes auf den Hund zugehen und ihn streicheln.
D Sie sollten langsam und vorsichtig auf den Hund zugehen und ihn ganz kurz von hinten über den Rücken streicheln. Dies kann auch im Vorbeigehen geschehen.

67 Plötzlich kommt auf dem Spaziergang ein fremder Hund und knurrt Ihren Hund an. Wie verhalten Sie sich?

A Ich entferne mich ruhig, aber zielstrebig, und rufe meinen Hund zu mir. Ich möchte, dass wir schnell aus der Gefahrenzone kommen.
B Ich stelle mich schützend vor meinen Hund, bereit, notfalls nach dem anderen Hund zu schlagen, wenn dieser noch näher kommt.
C Ich nehme meinen Hund schnell hoch, damit er nicht gebissen wird.
D Ich bleibe stehen. Die Hunde werden diese Situation vermutlich in einer Rauferei klären. Das ist normales Hundeverhalten und ich muss ihnen Zeit geben, sich wie Hunde verhalten zu können.

68 Welche Spiele beinhalten wenig Konfliktpotential und sind auch für Kinder geeignet?

A Zerrspiele, z. B. an einem Seil.
B Apportierspiele.
C Fährten- und ggf. auch Futtersuchspiele.
D Wilde Rauf- und Jagdspiele.

69 Was sollte man als Halter eines unkastrierten Rüden tun, wenn einem auf dem Hundespaziergang eine läufige Hündin begegnet?

A Man darf seinen Rüden frei laufen lassen, denn die Hündin muss an der Leine geführt werden, wenn sie läufig ist.
B Wenn die Hündin nicht gerade ihre „Steh-Tage" hat, darf man den Rüden ausgiebig mit der Hündin toben lassen,

denn für ihn ist ein Kontakt mit einer läufigen Hündin eine bereichernde Erfahrung, die er so oft es geht machen sollte.

C Man sollte den Besitzer der Hündin darüber aufklären, dass er in öffentlichen Gebieten nicht mit einer läufigen Hündin spazierengehen darf.

D Man sollte seinen Rüden heranrufen und anleinen. Erst wenn man sicher weiß, dass er der Hündin nicht hinterherlaufen wird, kann man ihn wieder ableinen.

70 Was ist vor der Anschaffung eines Hundes zu beachten?

A Ist in der aktuellen Wohnsituation die Hundehaltung erlaubt?

B Kann ich den Hund in seiner gesamten Lebensspanne (12 bis 15 Jahre lang) behalten und versorgen?

C Passen der ausgesuchte Hund und seine Rasseveranlagung tatsächlich zu meinem Lebensstil?

D Die Abstammung von hochprämierten Elterntieren.

71 Ein Hund erkennt einen Menschen umso eher als Rudelchef an, je ...

A ... liebevoller er mit ihm umgeht und je mehr Zugeständnisse er ihm macht.

B ... souveräner er im Umgang mit dem Hund auftritt.

C ... konsequenter er Aufmerksamkeit heischendes Verhalten des Hundes ignoriert.

D ... häufiger er von dieser Person gefüttert wurde.

72 Was ist zu beachten, wenn Sie mehr als einen Hund halten?

A Sie müssen doppelt so oft spazieren gehen.

B Sie müssen doppelt so viel Erziehungsarbeit leisten.

C Sie müssen für die doppelten Kosten für Ausstattung, Tierarzt, Futter, Hundesteuer, Versicherung usw. aufkommen.

D Beide Hunde können sich zusammen schneller unerwünschte Verhaltensweisen aneignen.

73 Ihr freilaufender Hund kommt beim Rückruf nicht sofort zu Ihnen zurück. Was denken Sie?

A Vermutlich ist die Ablenkung zu groß. Da kann man nichts machen.

B Der Rückruf ist nicht ausreichend geübt.

C Der Rückruf funktioniert nicht, weil die Rangordnung nicht stimmt.

D Damit der Rückruf beim nächsten Mal wieder besser funktioniert, muss der Hund, wenn er wiederkommt, für seinen Ungehorsam ausgeschimpft und bestraft werden.

74 Wann ist die Sozialisationsphase bei Hunden im Kern abgeschlossen?

A Mit Ende der 8. Lebenswoche.

B Mit Ende der 12. Lebenswoche.

C Bei Erreichen der Geschlechtsreife.

D Mit einem Jahr.

75 **Was sollten Sie tun, wenn Ihr Hund, der immer lieb und friedlich war, ganz plötzlich aggressives Verhalten zeigt?**

A   Stellen Sie den Hund schnellstens dem Tierarzt vor, denn er könnte Schmerzen oder eine andere Krankheit haben.

B   Bestrafen Sie ihn sofort eindrücklich, denn so etwas darf man von Anfang an nicht durchgehen lassen.

C   Gar nichts. Aggressives Verhalten ist ein normales Hundeverhalten.

D   Stellen Sie die Fütterung um. Oft ist an solch einem Verhalten ein zu hoher Eiweißanteil in der Ration schuld.

76 **Beim Kauf des Welpen sollten Sie:**

A   ... danach viel Zeit (am besten Urlaub) haben, um sich bestmöglich um den Hund kümmern zu können. Wichtig ist auch, dass bei Berufstätigkeit dafür Sorge getragen wird, dass der Welpe mit zur Arbeit gehen darf oder anfangs stets betreut werden kann.

B   ... den Züchter vorher „auf Herz und Nieren" geprüft haben, um einen Hund mit guten charakterlichen und genetischen Anlagen zu bekommen.

C   ... unbedingt einen Garten haben, denn sonst kann es bei der Stubenreinheit Probleme geben.

D   ... sicher sein, dass dieser Hund auch längerfristig zum eigenen Lebensstil und den Lebensumständen passt.

77 **Mein Hund hat beim Tierarzt auf dem Tisch sehr viel Angst. Er ist unruhig und zappelig. Manchmal knurrt er auch, wenn ihm etwas unangenehm ist. Ist es sinnvoll, dem Hund gut zuzureden?**

A   Ja, unbedingt, denn durch meine Zusprache kann er sich schnell beruhigen.

B   Nein, reden hilft nicht und außerdem muss mein Hund lernen, mit derartigen Situationen alleine klarzukommen.

C   Nein, ich sollte ihn nur in den Momenten freundlich und lobend ansprechen, wenn er sich brav verhält und nicht knurrt.

D   Gut zureden ist nicht richtig. Stattdessen sollte man ihn einmal laut anschreien, damit er aufhört, sich so aufzuführen.

78 **Gibt es gesetzliche Vorschriften für die Zwingerhaltung von Hunden?**

A   Ja, sie besagen, dass nur Hunde, die größer als 40 cm Schulterhöhe sind, in Zwingeranlagen gehalten werden dürfen.

B   Ja, diese stehen in der Tierschutz-Hundeverordnung.

C   Nein.

D   Ja, der Hund darf nicht ganz allein und nicht länger als maximal zwei Stunden täglich im Zwinger gehalten werden.

79 Der Abschluss einer Tierhalterhaftpflichtversicherung ist ...

A ... Geldverschwendung, weil es keinen Vorteil bringt.

B ... sinnvoll, denn als Tierhalter haftet man für jeden Schaden, der durch den eigenen Hund verursacht wurde.

C ... nur erforderlich, wenn man den Hund frei laufen lassen möchte.

D ... ist in Niedersachsen gesetzlich vorgeschrieben.

80 Woran erkennen Sie, dass eine Hündin läufig ist?

A Sie hat Durchfall.

B Die Scheide ist geschwollen und sie setzt häufiger Harn ab als üblich.

C Das erste Anzeichen ist, dass sie plötzlich sehr zum Streunen und Ungehorsam neigt.

D Sie blutet aus der Scheide.

81 Auf dem Spaziergang rennt mein Hund zu einer fremden Person hin und springt diese unvermittelt an.

A Das ist ein Zeichen von höchster Aggression. Ich muss den Rat von einem auf Verhaltenstherapie spezialisierten Tierarzt einholen.

B Ich rufe der Person zu, dass mein Hund ganz lieb und auch noch jung ist und dass sie ihn möglichst nicht streicheln soll, denn sonst könnte ich das Anspringen nie in den Griff bekommen.

C Das Anspringen ist als Spielaufforderung zu verstehen. Ich freue mich, dass ich einen so freundlichen Hund habe.

D Ich beeile mich, um meinen Hund anzuleinen, entschuldige mich bei der Person und kläre, ob ich für einen Schaden aufkommen muss. In Zukunft werde ich meinen Hund frühzeitig unter Kontrolle halten und ggf. Rat bei einem modernen Hundetrainer einholen.

82 Was können Stresssymptome bei einem Hund sein?

A Futterbetteln (ggf. untermalt durch Winseln).

B Unruhiges Verhalten und Hecheln.

C Starkes Haaren und ggf. stumpfes Fell bei länger anhaltendem Stress.

D Genüssliches und ruhiges Kauen an einem Kauobjekt.

83 Wie wird Tollwut übertragen?

A Über eine spezielle Mückenart.

B Über den Speichel eines tollwutkranken Tieres z. B. durch einen Biss oder das Belecken einer verletzten Haut- oder Schleimhautstelle.

C Durch Körperkontakt mit einem an Tollwut erkrankten Tier.

D Das Virus ist im Fuchskot in hoher Konzentration enthalten. Man sollte solchen Kot niemals berühren.

84 Die Kastration eines Hundes ist in Deutschland ...

A ... erst ab einem Alter von einem Jahr erlaubt.

B ... für alle Hunde, die nicht in einem Zuchtbuch eingetragen sind, zwingend vorgeschrieben.

C … grundsätzlich verboten.
D … bei medizinischer Indikation erlaubt.

85 Achten Hunde auf die menschliche Körpersprache?

A Ja, Hunde, die mit Menschen aufgewachsen sind, achten intensiv auf die Körpersprache von Menschen.
B Nur, wenn man es ihnen in einem speziellen Training beigebracht hat.
C Nein, es ist Hunden egal, wie Menschen sich verhalten.
D Nein, Hunde achten nur auf die Worte von Menschen.

86 Wann können Hunde aggressiv reagieren?

A Wenn sie plötzlich angefasst werden und nicht ausweichen können.
B Wenn sie beim Fressen gestört werden.
C Bei schmerzhaften Manipulationen (etwa beim Tierarzt) oder aus Angst.
D Wenn man sich über sie beugt und ihnen hierbei fest in die Augen schaut.

87 Sind beim Üben mit einem ängstlichen Hund besondere Dinge zu beachten?

A Ja, denn Hunde können nur lernen, wenn sie entspannt sind und keine Angst haben.
B Ja, man sollte darauf achten, keine bedrohlichen Gesten in den Übungen zu verwenden.
C Ja, mit einem ängstlichen Hund sollte man lieber gar nicht trainieren, weil er

durch die Angst generell schon belastet genug ist.
D Nein, mit einem ängstlichen Hund kann man trainieren wie mit jedem anderen auch.

88 Woran erkennen Sie einen seriösen Züchter?

A Er züchtet in aller Regel Hunde verschiedener Rassen oder hält und verkauft zumindest nicht nur Tiere einer Rasse. Er hält die Hunde in einer gut gepflegten, sauberen Zwingeranlage und achtet darauf, dass sie nicht durch Besucher gestört werden.
B Er gibt gerne Auskunft und weist die Interessenten auch über mögliche Nachteile der Rasse hin.
C Er hat ständig einen Wurf Welpen, um die Nachfrage nach der Rasse zu decken.
D Ein seriöser Züchter integriert die Welpen in seine Familie. Er kann die Unterschiede der einzelnen Welpen benennen und bietet ihnen während der Aufzuchtsphase zahlreiche Alltags- und Umweltreize mit individueller Förderung.

89 Auf einem Spaziergang treffe ich andere Hundehalter mit ihren Hunden, die ihre sofort zu sich rufen und an die Leine nehmen.

A Ich tue es ihnen gleich. Während wir zügig aneinander vorbeigehen, halte ich meinen Hund auf eine Übung oder auf ein Lockmittel konzentriert.
B Ich weiß, dass mein Hund mit Menschen und Hunden freundlich ist und lasse ihn frei laufen, schließlich gibt es schon genug Einschränkungen für Hunde.

C Ich leine meinen Hund an, aber ich lasse die Leine lang und locker, damit er mit den anderen Kontakt aufnehmen kann, wenn er möchte.

D Ich teste, ob mein Hund es schafft, auch unangeleint „bei FUSS" an den Artgenossen vorbeizugehen. Sollte er unerlaubt ausscheren, gibt es einen kräftigen Klaps auf den Po, denn so einen Ungehorsam darf ich nicht durchgehen lassen.

90 Stimmt es, dass man älteren Hunden nichts mehr beibringen kann?

A Nein, da ein Welpe noch gar nichts lernen kann, sollte man überhaupt mit der Erziehung erst beginnen, wenn der Hund ein Jahr alt ist.

B Nein, aber es ist einfacher, schon mit einem Welpen zu üben, dann gewöhnt sich der Hund gar nicht erst etwas Falsches an.

C Nein, Hunde können ihr Leben lang neue Dinge lernen.

D Ja, Hunde, die älter als ein Jahr sind, können nichts mehr lernen.

91 Für die Vermittlung neuer Lerninhalte besteht die ideale Belohnung für jeden Hund …

A … stets nur aus Futter.

B … aus einem beliebigen „Primärverstärker", also irgendetwas, das der jeweilige Hund in diesem Moment als besonders wertvoll erachtet.

C … bedarf es keiner Belohnung. Keine Strafe für falsches Verhalten zu erhalten ist Belohnung genug.

D … aus Streicheln, denn dies ist neben dem hohen Belohnungseffekt zusätzlich besonders bindungsstärkend.

92 An welchen typischen Signalen können Sie ängstlich-unterwürfiges Verhalten erkennen?

A Blickkontakt halten.

B Sich klein machen und ducken.

C Den Schwanz einziehen und die Ohren anlegen.

D Harnen bei geduckter Haltung.

93 Was ist zur Mitnahme von Hunden im Auto zu sagen?

A Wer einen Hund ungesichert im Auto transportiert, riskiert eine Geldstrafe und Punkte im Flensburger Register.

B Ein Hund darf nur im Kofferraum transportiert werden.

C Der Hund muss im Auto gesichert, d. h. mit einem TÜV-geprüften Anschnallgurt, hinter einem festen Trenngitter oder in einer Box, transportiert werden.

D Der Hund sollte auf dem Beifahrersitz sitzen, denn dies ist der sicherste Ort im Auto.

94 Was kann passieren, wenn ein Hund im Rahmen der Erziehung häufig und hart bestraft wird?

A Er lernt so schnell, dass er brav sein muss und er wird die Übungen in Zukunft besonders zuverlässig ausführen.

B Er kann scheu und unsicher werden.

C Er könnte unter Umständen aggressiv reagieren, weil er sich bedroht fühlt.

D Es passiert nichts Schlimmes, Hunde untereinander sind auch unerbittlich. Wenn er erst verstanden hat, worum es geht, wird er große Freude bei den Übungen haben.

95 Welche Auswirkung auf die Wesensentwicklung von Welpen hat häufige und lange Zwingerhaltung?

A Welpen lernen so besonders leicht, das Alleinesein zu akzeptieren.
B Die Welpen erleiden häufig Defizite im Sozialverhalten gegenüber Menschen und Artgenossen.
C Es können Probleme im Bereich des häuslichen Sauberkeitstrainings auftreten.
D Die gesundheitliche Widerstandskraft ist größer als bei Hunden, die immer im Haushalt umsorgt werden.

96 Woran erkennt man eine gute gegenseitige Bindung zwischen Hund und Mensch?

A Der Hund tobt wild mit seinem Menschen und springt ihn dabei häufig an.
B Der Hund hat stets Spaß an den Übungen, die „sein" Mensch von ihm verlangt.
C Für Hunde ist Bindung nicht wichtig. Er gehorcht stets dem Menschen, der ihn füttert.
D Ein Hund, der eine gute Bindung zu seinem Besitzer hat, orientiert sich auch auf dem Spaziergang häufig an ihm und bleibt innerhalb Sicht- oder Kontaktweite. Ein Mensch, der eine gute Bindung an seinen Hund hat, steht für ihn ein und hält und versorgt ihn artgerecht.

97 Kann man einen Hund, der gerade Angst hat, mit Worten und Streicheln beruhigen?

A Ja, Worte und Streicheln lassen den Hund seine Angst umgehend vergessen. Zudem wird er insgesamt selbstbewusster in Bezug auf den Reiz, wenn man so verfährt, denn der Problemreiz, der ihm Angst bereitet hat, wird ihm durch die schützende Zuwendung mit Worten und Berührungen nun als etwas Positives dargestellt.
B Man verschlimmert die Angst mit dieser Maßnahme dramatisch.
C Es liegt am Hund und der Situation. Das Angebot eines ruhigen Körperkontaktes hilft manchen Hunden sich wieder zu entspannen. Andere werden durch die plötzliche Aufmerksamkeit verunsichert und fühlen sich durch die Streicheleinheiten sogar bedroht. Der Hund könnte aggressiv reagieren, weil er das Verhalten des Menschen als Schwäche interpretiert.

98 Was für eine Bedeutung hat es, wenn sich ein Hund flach auf den Boden legt und einen entgegenkommenden Hund mit dem Blick fixiert?

A Er ist vermutlich müde und möchte sich nur noch ein wenig ausruhen, bis der andere Hund da ist.
B Er möchte einen „Angriff" starten. Dieser Angriff kann spielerisch oder ernst ausgerichtet sein.
C Der liegende Hund verhält sich unterwürfig.

D Es hat gar nichts mit dem anderen Hund zu tun, sondern ist ein Zeichen von starken Bauchschmerzen.

99 Wie lernt ein Hund am besten das Allleinebleiben?

A Er sollte im gesamten ersten halben Jahr niemals alleine zu Hause gelassen werden. Später ist es dann unproblematisch.
B Im Idealfall beginnt man mit dem Training für das Alleinebleiben schon in Welpentagen mit ganz kurzen Zeiten.
C Man sollte den Hund schrittweise an die Situation gewöhnen.
D Hunde können das von selbst.

100 Darf man seinen Hund neben dem Auto herlaufen lassen?

A Nur im Ausnahmefall, wenn man es besonders eilig hat.
B Ja, aber nur auf Feldwegen. In der Stadt ist es verboten.
C Nein, das ist laut Straßenverkehrsordnung generell verboten.
D Ja, wenn der Hund langsam daran gewöhnt und nicht überfordert wird.

101 Dürfen Sie zulassen, dass ein fremdes Kind Ihren Hund streichelt?

A Nur wenn das Kind vorher freundlich gefragt hat und bereits in die Schule geht.
B Ja, wenn Sie wissen, dass ihr Hund freundlich zu Kindern ist. Ihre Pflicht besteht dennoch in der Kontrolle der Situation. Brechen Sie notfalls den Kon-takt rechtzeitig ab, wenn Sie merken, dass der Hund angespannt reagiert.
C Ja, denn auf diese Weise lernen Kinder den Umgang mit Hunden. Sie sollten hierbei den Hund festhalten, damit das Kind beliebig lange Zeit den Hund streicheln und liebkosen kann.
D Nein, sie würden mit solch einem Zugeständnis Ihre Aufsichtspflicht über Ihren Hund verletzen. Jeder Hund stellt immer eine große Gefahr dar. Der Hund könnte das Kind beißen. Kontakte zwischen Kindern und Hunden sollten generell verhindert werden.

102 Warum zerstören manche Hunde zu Hause Dinge, wenn sie alleine bleiben müssen?

A Sie tun dies gelegentlich aus Langeweile.
B Sie tun dies aus Rache dafür, dass sie nicht mitgenommen wurden.
C Hunde, die dies tun, leiden häufig unter sogenannter Trennungsangst.
D Der Hund leidet entweder unter Juckreiz oder er hat Hunger.

103 Macht die Fütterung mit rohem, blutigem Fleisch einen Hund aggressiv?

A Ja. Dies liegt am hohen Eiweißanteil in rohem, blutigem Fleisch.
B Nein, der Geschmack des Fressens hat nichts mit der Aggressionsbereitschaft zu tun.
C Nein, weil der Hund zufrieden ist, wenn er rohes, blutiges Fleisch gefressen hat und dann keinen Grund mehr zu aggressivem Verhalten hat.

D   Ja, denn wenn Hunde einmal Blut geschmeckt haben, wollen sie es immer wieder haben.

104 Wie oft muss ein grundimmunisierter Hund gegen Tollwut geimpft werden?

A   Vor jeder Wurmkur, mindestens aber viermal jährlich.
B   Alle 6 Monate.
C   Nach der Grundimmunisierung ist keine weitere Impfung erforderlich.
D   Das variiert je nach Impfstoffhersteller. Auch Reisen ins Ausland können ein Abweichen vom normalen Rhythmus gegebenenfalls erforderlich machen.

105 Können Hunde ein schlechtes Gewissen haben?

A   Ja, Hunde sind extrem schlau. Sie wissen stets, was sie richtig oder falsch machen.
B   Nein, obwohl es manchmal so aussieht. In Wirklichkeit haben sie eine negative Verknüpfung mit dem Besitzer gemacht und zeigen eine angeborene Körperhaltung, die Unterwürfigkeit und Ängstlichkeit signalisiert. Sie soll den Besitzer beschwichtigen.
C   Nein, Hunde haben keine Moralvorstellung wie Menschen. Für sie gibt es kein Gut oder Böse.
D   Ja, allerdings nur, wenn ihre Tat nicht länger als zwei Stunden zurückliegt, denn länger kann sich ein Hund Ereignisse nicht merken.

106 Wie reagieren Sie, wenn Sie ohne Hund weggehen und hören, dass Ihr Hund drinnen bellt oder heult.

A   Ich finde es gut, dass mein Hund wachsam ist und viel bellt, daher mache ich gar nichts.
B   Ich gehe sofort zurück und bestrafe ihn, denn er muss leise sein, wenn ich nicht da bin.
C   Ich suche Rat bei einem auf Verhaltensprobleme spezialisierten Tierarzt, denn es handelt sich vermutlich um ein Trennungsangstproblem.
D   Ich gehe zurück, jedoch ohne dem Hund weitere Beachtung zu schenken. Für die Zukunft überlege ich mir spezielle Übungen, um den Hund langsam an das ruhige Alleinebleiben zu gewöhnen.

107 Ihr Hund hat in die Wohnung gemacht. Wie reagieren Sie?

A   Ich nehme den Hund mit zu der Stelle, zeige ihm seine Hinterlassenschaften und schimpfe mit ihm.
B   Ich packe den Hund, trage ihn zum Ort des Vergehens und stoße ihn mit der Nase hinein, damit er es nie wieder macht.
C   Ich versuche, mir meinen Ärger nicht anmerken zu lassen. Wahrscheinlich habe ich ihn zu lange allein gelassen, sodass er nicht einhalten konnte.
D   Ich beseitige das Geschäft kommentarlos.

108 Ist die sogenannte Beißhemmung eine angeborene Größe?

A Nein, die Beißhemmung muss im Welpenalter durch das Spiel mit Gleichaltrigen und mit dem Menschen erlernt werden.

B Ja, sonst würden Welpen ihre Geschwister zu sehr verletzen.

C Ja, sonst würden Welpen Menschen im Kontakt wahllos beißen.

D Ja, allerdings gibt es einzelne Rassen, die diese Hemmung nicht haben.

109 Worauf müssen Sie beim Einsatz von Belohnungen achten?

A Sie müssen den Hund bis allerspätestens zwei Sekunden nach der erwünschten Handlung belohnen.

B Wählen Sie die Belohnung so, dass sie den Hund zwar motiviert, aber ihn auch noch konzentrationsfähig hält.

C Futterbelohnungen sind nicht geeignet, denn sie verleiten den Hund nur zum Betteln.

D Belohnen Sie den Hund zunächst immer, wenn er die Übung gut ausgeführt hat, später nur noch ab und zu.

110 Nennen Sie einige Parasiten, die auch in Deutschland bei Hunden sehr häufig vorkommen.

A Milben.

B Flöhe.

C Zecken.

D Herzwürmer.

111 Wie vermeidet man, dass der Hund durch Strafen das Vertrauen in seinen Besitzer verliert?

A Wenn man Ignorieren als „Strafe" anwendet, vorausgesetzt, das Verhalten ist nicht selbstbelohnend.

B Bei einer indirekten Strafe, wie mit der Wasserpistole zu spritzen. Dabei sollte man gleichzeitig schimpfen, sonst versteht der Hund nicht, woher das Wasser kam.

C Bei einer indirekten Strafe, wie dem Spritzen mit einer Wasserpistole, wenn der Hund nicht merkt, wer gestraft hat.

D Beim Schütteln am Nackenfell und gleichzeitigem Schimpfen, denn auch eine Hündin maßregelt auf diese Art und Weise ihre Welpen.

112 Wie drückt ein Hund aus, dass er die Führungsqualität des Menschen in Frage stellt?

A Er bellt anhaltend, wenn er an der Leine laufen muss, denn angeleint zu sein empfindet er bei mangelnden Führungsqualitäten des Menschen als unrechtmäßige Einschränkung.

B Er macht was er will und lässt sich darin nicht beirren.

C Er läuft auf dem Spaziergang stets immer hinter dem Menschen, um ihn zu kontrollieren.

D Er geht streunen, wann immer er eine Gelegenheit dazu bekommt.

113 Was passiert, wenn ein bestimmtes Verhalten mit Futter belohnt wird?

A Man steigert so die Bereitschaft des Hundes, das Verhalten in Zukunft wieder zu zeigen.
B Der Hund wird diese Handlung zukünftig nur noch ausführen, wenn er sieht, dass man Futter dabei hat.
C Außer einer möglichen Gewichtszunahme passiert nichts.
D Der Hund kann mich als „Rudelführer" nicht ernst nehmen, wenn er weiß, dass er bei mir Futter bekommen kann.

114 Hunde bemessen die Rangordnung anhand verschiedener Privilegien. Was ist für Hunde im Bereich der Rangfolge am wichtigsten?

A In jedem beliebigen Moment Aufmerksamkeit (Spiel, Futter, Zuwendung) zu erhalten.
B Täglich mehrmals ausgeführt zu werden.
C Einen gemütlichen, ggf. erhöhten Liegeplatz zu besitzen.
D Freien Zugang zum Futter zu haben.

115 Ist der Einsatz von Stromreizgeräten in der Hundeerziehung sinnvoll?

A Ja, denn es ist eine einfache und schnelle Methode, die sehr erfolgreich in der Erziehung eingesetzt werden kann.
B Ja, weil der Hund dann weiß, dass er nicht mehr machen kann was er will.

C Nein, die Gefahr von Fehlverknüpfungen und Angstverhalten als Folge ist zu groß.
D Nein, der Einsatz von Stromreizgeräten ist in Deutschland sogar verboten.

116 Welche dieser Erziehungshilfsmittel sind sinnvolle Führungshilfsmittel?

A Leine und Halsband oder Leine und Geschirr.
B Stromreizgeräte.
C Hundehalfter.
D Sogenannte Erziehungsgeschirre.

117 Welche Hilfsmittel in der Hundeerziehung sind tierschutzrechtlich bedenklich?

A Das Stachelhalsband.
B Ein Hundehalfter.
C Stromreizgeräte.
D Clicker.

118 Wie können Sie Ihren Hund dazu motivieren, zu Ihnen zu kommen?

A Ich hocke mich hin und locke den Hund heran.
B Ich rufe den Hund mit fester Stimme, denn Kommen ist Pflicht!
C Ich drehe mich um und laufe vom Hund weg, hierbei rufe ich ihn.
D Ich werfe ihm etwas Leichtes auf den Po, wenn er nicht guckt, damit er erschrickt, denn er soll denken, dass er nur in meiner Nähe in Sicherheit ist.

119 Was ist ein Hundehalfter (Halti, Gentle Leader)?

A Es ist ein besonderer Maulkorb, der das Beißen zuverlässig verhindert.
B Es handelt sich um ein Band, das an der Schnauze des Hundes angelegt wird. Der Hund kann damit sicherer geführt werden.
C Es ist eine kleine Tasche, in der man die Leine verstauen kann.
D Es ist eine Vorrichtung, mit der der Hund am Fahrrad läuft.

120 Was ist der sogenannte „Welpenschutz"?

A Welpen werden von der Mutterhündin niemals allein gelassen.
B Welpen bis zum Alter von 8 Wochen werden von erwachsenen Hunden nicht gebissen. Danach erlischt die Schonfrist.
C Mit Welpenschutz bezeichnet man die erzieherische Grundregel, einen Welpen niemals körperlich hart zu bestrafen.
D Es gibt keinen „Welpenschutz". Der Welpe schützt sich Artgenossen gegenüber selbst durch angemessenes, also unterwürfiges und beschwichtigendes Verhalten.

121 Wer ist der beste Ansprechpartner, wenn es Probleme im Zusammenleben mit dem Hund gibt?

A Ein Tierarzt, der sich auf Hundeverhalten spezialisiert hat.
B Der Züchter oder ein anderer Halter derselben Rasse.
C Ein anderer Hundebesitzer, der seinen Hund sehr gut erzogen hat, speziell, wenn er zuvor ähnliche Probleme mit seinem Hund gehabt und diese so erfolgreich gelöst hat.
D Ein moderner und erfahrener Hundetrainer, der eine Spezialausbildung in Bezug auf Verhaltensprobleme absolviert hat.

122 Bietet ein Hundehalfter im Vergleich zu Halsbändern oder Geschirren Vorteile?

A Nein, es hat keine Vorteile. Im Gegenteil, die Verletzungsgefahr von Nase und Halswirbelsäule ist erheblich.
B Ja, denn man kann den Kopf des Hundes lenken und kontrollieren.
C Ja, denn das Kräfteverhältnis zwischen Mensch und Hund wird zugunsten des Menschen verschoben.
D Nein, es hat den Nachteil, dass der zur Erziehung des Hundes zwingend notwendige Leinenruck nicht mehr ausgeführt werden kann.

123 Kann der Einsatz von Stachelhalsbändern gefährlich sein?

A Ja, es kommt in vielen Fällen zu fehlerhaften Verknüpfungen und die Hunde können aggressiver werden.
B Nein, es birgt keine Gefahr, wenn man es richtig einsetzt.
C Ja, durch die schmerzhafte Einwirkung wird Stress erzeugt.
D Ja, es birgt ein hohes Verletzungsrisiko.

124 Aus welchem Grund ist es ratsam, dem Hund frühestmöglich beizubringen, nicht an Leuten hochzuspringen?

A Da es ein Zeichen großer Freude ist und nichts mit Aggressivität zu tun hat, wenn ein Hund springt, muss man dem Hund das Anspringen nicht abgewöhnen. Es ist eine freundliche Geste.
B Hunde können durch das Anspringen Kleidung beschmutzen oder zerreißen.
C Hunde können durch das Anspringen Menschen erschrecken.
D Das ist eine Frage der Rücksichtnahme gegenüber den anderen Menschen.

125 Auf einer ausgewiesenen Hunde-Freilaufwiese ...

A ... kann mein Hund ohne jede weitere Einschränkung frei toben.
B ... darf mein Hund frei laufen, wenn er unter meiner sicheren Kontrolle steht.
C ... kann ich meinen Hund bedenkenlos zu jedem Artgenossen laufen lassen.
D ... sollte ich meinen Hund nicht abrufen. Hier soll er einfach nur Spaß haben! Hier muss er keine Gehorsamsübungen machen.

126 Besteht die Gefahr, durch den Einsatz von Strafen das Vertrauen, das der Hund einem entgegenbringt, zu zerstören?

A Nur bei generell ängstlichen Hunden.
B Ja, bei sensiblen Hunden manchmal sogar mit Kleinigkeiten, besonders wenn die Handlung für den Hund „unlogisch" ist.

C Ja, durch inkonsequentes und launisches Vorgehen.
D Nein, nicht wenn man vorher ein gutes Verhältnis hatte.

127 Kann es Probleme geben, wenn zwei angeleinte Hunde miteinander Kontakt aufnehmen?

A Ja, da Hunde an der Leine nicht ausweichen können, sind sie oft unsicherer und reagieren schneller aggressiv.
B Ja, denn wenn die Hunde umeinander herumlaufen, können sich die Leinen verheddern. Die Gefahr einer Rauferei ist dann sehr groß und bei verhedderten Leinen ist es schwerer, eine Rauferei zu beenden.
C Ja, denn Hunde fühlen sich an der Leine grundsätzlich stärker und daher kommt es bei angeleinten Hunden häufiger zu einer Rauferei.
D Nein, die Leine hat keinen Einfluss auf das Verhalten der Hunde.

128 Wann ist es angebracht, den Hund an der Leine zu halten?

A In Hotels, in Geschäften oder in Restaurants.
B Im Treppenhaus und auf Zugangswegen von Mehrfamilienhäusern.
C In der Innenstadt und an stark befahrenen Straßen.
D In einem Hundeauslaufgebiet, wenn kein anderer Hund da ist, denn dann kann der Hund sowieso nicht spielen.

129 Ist die Welpenaufzucht im Garten ideal?

A Ja, denn der Garten ist eine natürliche Umgebung. Das gibt Kraft und Widerstandskraft.

B Nein, denn bei der ausschließlichen Aufzucht im Garten kann der Welpe nicht genügend Erfahrungen mit Menschen und dem Leben in häuslicher Umgebung machen.

C Es kommt nicht darauf an, wo der Hund aufwächst, sondern wie viel ihm geboten wird. Er muss immer ausreichend viele positive Kontakte mit Menschen, Umweltreizen (z. B. Verkehr) und anderen Hunden haben.

D Im Garten gibt es viele Krankheitserreger, deshalb sollten Welpen bis zur 12. Woche überhaupt nicht nach draußen geführt werden.

130 Welche Verhaltensweisen tolerieren einige Hunde nicht ohne spezielles Vortraining, da sie sich im persönlichen Bereich bedroht fühlen?

A Man greift dem Hund über den Rücken, um die Leine anzulegen.

B Man schiebt den Hund zur Seite.

C Man ignoriert den Hund, wenn dieser mit einem Ball ankommt und spielen möchte.

D Man legt sich neben ihrem Körbchen mit einem Kissen auf den Boden und guckt ihnen in die Augen, während man ihnen liebevoll über den Kopf streichelt.

131 Innerhalb welcher Zeit kann ein Hund seine Belohnung für ein ausgeführtes Kommando sicher mit der gezeigten Handlung verknüpfen?

A Es dürfen nicht mehr als eine, allerhöchstens zwei Sekunden vergehen.

B Man sollte den Hund innerhalb von fünf Sekunden belohnen.

C Es ist nicht von der Zeit abhängig, ob der Hund die Übung begreift, sondern nur von der Tatsache, ob die Futterbelohnung lecker genug ist.

D Man hat ein paar Minuten Zeit, denn Hunde merken sich, was sie gut gemacht haben.

132 Mein Hund ist in eine Rauferei verwickelt.

A Ich schreie laut AUS! und schlage dann auf die Tiere ein, damit sie den Streit beenden.

B Ich greife beherzt in das streitende Knäul hinein und versuche meinen Hund zu erwischen und aus dem Kampfgeschehen herauszuziehen.

C Ich gehe einfach weiter, denn Hunde können auch Streitigkeiten gut untereinander klären. Es bedarf nicht der Hilfestellung eines Menschen.

D Ich rufe meinen Hund in einem kurzen Moment der Stille energisch zu mir heran und leine ihn umgehend an, sobald er bei mir ist. Sobald auch der andere Hund angeleint ist, kläre ich mit dem anderen Tierhalter, was weiter zu tun ist und vergewissere mich, ob einer der Hunde tierärztliche Hilfe benötigt.

133 Wie verhalten Sie sich, wenn Ihr Hund frei läuft und Ihnen ein Jogger entgegenkommt?

A Ich bitte den Jogger, möglichst langsam zu laufen, damit er meinen Hund nicht zum Hinterherrennen verleitet.

B Ich rufe meinen Hund zu mir, leine ihn an und lasse ihn erst wieder los, wenn ich sicher weiß, dass er den Jogger nicht verfolgen wird.

C Ich renne selbst ein Stückchen mit dem Jogger mit oder hinter diesem her. Das lenkt meinen Hund vom Jogger ab, denn er konzentriert sich dann nur auf mich.

D Ich brauche nichts zu unternehmen, weil ich weiß, dass mein Hund höchstens zu dem Jogger hinläuft, ihn aber nicht belästigt oder beißt.

134 Wer ist für das Entfernen von Hundekot verantwortlich?

A Die Städte, denn dafür wird Hundesteuer bezahlt.

B Der Halter bzw. die Person, die den Hund ausführt.

C Die Allgemeinheit. Jeder, der einen Hundehaufen sieht, muss ihn umgehend entfernen.

D Niemand. Hundekot muss nicht entfernt werden, denn er ist etwas ganz Natürliches, mit dem man leben muss.

135 Heute bin ich mit meinem Hund in der Stadt unterwegs. Auf einem Gehweg in der stark befahrenen Innenstadt kommt mir ein Ehepaar mit einem Hund entgegen. Dieser wird an einer Ausziehleine geführt.

A Ich nehme meinen Hund unter Konzentration (durch eine Übung oder durch ein Lockmittel) und führe ihn zügig an dem Artgenossen vorbei.

B Ich leine meinen Hund ab, denn mir ist es lieber, wenn mein Hund unangeleint Kontakt mit Artgenossen aufnehmen kann.

C Ich lasse meinen Hund an lockerer Leine zu dem anderen Hund hin, denn ich weiß, dass Sozialkontakte sehr wichtig sind.

D Ich nehme meinen Hund ganz kurz, sodass viel Zug auf der Leine ist und zerre ihn an dem Artgenossen vorbei.

136 Mein Hund ist stürmisch und jung. In einiger Entfernung sehe ich eine Dame mit einem Hund, der eine Halskrause trägt.

A Ich lasse meinen Hund zu dem anderen Hund hinlaufen, weil er sicher nicht aggressiv reagiert, sondern immer nur spielen will.

B Ich nehme meinen Hund an die Leine und führe ihn unter Konzentration oder mit einem Lockmittel an dem kranken Hund vorbei.

C Ich lasse meinen Hund auf den anderen Hund zulaufen, um ihn begrüßen zu können, denn Sozialkontakte sind sehr wichtig für meinen Hund. Nur wenn mein Hund den anderen Hund anspringt, rufe ich ihn ab.

D Ich wickle meinem Hund schnell seine Leine mehrfach um den Hals, damit er so etwas Ähnliches anhat wie eine Halskrause, denn unter gleichen Bedingungen verstehen sich Hunde stets besser. Danach lasse ich ihn zu dem anderen Hund hinlaufen.

137 Auf einem engen Weg kommt mir eine Familie (Vater, Mutter und drei Kinder) entgegen. Die Kinder sind ca. 2 Jahre (dieses Kind wird im Buggy gefahren), 5–6 Jahre und 10–11 Jahre. Die beiden älteren Kinder laufen stürmisch auf mich und meinen Hund zu und fragen, ob sie ihn streicheln dürfen.

A Mein Hund ist mit Kindern sehr gut vertraut und ruhig. Ich sage daher den Kindern, dass sie ihn nacheinander sanft seitlich am Hals streicheln dürfen.

B Mein Hund ist mit Kindern nicht vertraut, aber entspannt und neugierig. Ich sage den Kindern, dass sie ihn nacheinander sanft unter dem Kinn und am Hals streicheln dürfen. Derweil stecke ich meinem Hund sehr schmackhaften Leckerchen zu und zwar so, dass seine Schnauze stets dicht an meinem Körper und eher nach oben orientiert von den Kindern abgewandt ist.

C Mein Hund ist generell sehr ängstlich und mit Kindern nicht vertraut. Auch jetzt wirkt er hektisch und scheu, aber ich freue mich über das Interesse der netten Kinder und erlaube ihnen daher, meinen Hund anzufassen. Ich denke, dass auch mein Hund so lernen kann, dass Kinder ihm nichts Schlimmes tun.

D Mein Hund ist mit Kindern einigermaßen vertraut. Ich denke, dass es nicht schaden kann, wenn er eine weitere Erfahrung mit freundlichen Kindern macht. Ich erlaube den Kindern, meinen Hund auf dem Kopf und Rücken zu streicheln und ihn liebevoll in den Arm zu nehmen.

138 Auf einer Hundewiese picknicken einige Kinder. Wie verhalten Sie sich, wenn Sie mit Ihrem frei laufenden Hund dort vorbeikommen?

A Ich rufe den Kindern laut zu, dass mein Hund nichts tut, sie aber schnell ihr Essen sichern müssen, weil er es vielleicht klauen möchte.

B Ich leine meinen Hund auf jeden Fall an, denn ich möchte nicht, dass sich andere Menschen durch meinen Hund bedrängt fühlen oder Angst bekommen.

C Da ich sicher weiß, dass mein Hund Kindern nichts tut, lasse ich ihn laufen.

D Ich erkläre den Kindern, dass Picknicken in einem Hundeauslaufgebiet verboten ist und schicke sie weg.

139 Was sind häufige Ursachen für die Entstehung eines Angstproblems?

A Schlechte Erfahrungen, besonders in der Welpenzeit.

B Mangelnde Erfahrungen in der Welpenzeit, also ein Sozialisationsdefizit.

C Schwere Krankheiten.

D Eine einmalige, besonders schockierende, schlechte Erfahrung, wenn der Hund die gleiche Situation erst selten oder sogar noch nie vorher im positiven Rahmen erlebt hatte.

140 Wenn man mit dem Hund eine bestimmte Übung immer nur am gleichen Ort übt …

A … wird er sie an anderen Orten gar nicht oder nicht genauso gut ausführen.

B … wird er die Übung bald überall sicher ausführen können, denn Lernen ist nicht von einem bestimmten Ort abhängig.

C … wird es bald nicht mehr erforderlich sein, den Hund dort mit Futter zu bestechen, um die Übung abzurufen.

D … ist diese Übung nicht generalisiert trainiert worden.

141 Wie verhalten Sie sich, wenn Ihnen auf dem Hundespaziergang jemand entgegenkommt, der seinen Hund beim Erblicken Ihres Hundes auf den Arm nimmt?

A Ich lasse meinen Hund laufen und rufe dem anderen Besitzer zu, dass er seinen Hund runter lassen kann, weil meiner nichts tut.

B Ich rufe meinen Hund zu mir und leine ihn an. Beim Vorbeigehen an der anderen Person achte ich darauf, dass er weder an ihr schnüffelt noch hochspringt.

C Ich lasse meinen Hund zu dem Spaziergänger laufen, weil ich weiß, dass mein Hund freundlich ist und nicht springt.

D Ich nehme meinen Hund auch auf den Arm und gehe vorbei.

142 Ist es schlimm, wenn ein Welpe schon mit vielen Umweltreizen konfrontiert wird?

A Nein, die Erfahrungen im Welpenalter haben prägungsähnlichen Charakter. Welpen, die ausreichend viele Reizsituationen positiv erleben konnten, sind später selbstsicherer.

B Nein, wenn die Erfahrungen positiv und dem Welpen angepasst sind. Aber auch Überstimulation durch zu viele oder negative Erfahrungen ist möglich. Qualität und Quantität müssen stimmen.

C Nein, denn ausreichende Erfahrungen einer positiven Art im Welpenalter sind für eine optimale Entwicklung des Gehirns ausschlaggebend.

D Ja, denn Hunde, die als Welpen viel kennengelernt haben, sind stets nervöser und aktiver und deshalb schwerer zu halten.

143 Was kann zwischen Hunden und Kindern zu Problemen führen?

A Kinder können auf Spielideen kommen, die Hunden unangenehm sind, z. B. weil sie in eine bestimmte Position gezwungen werden.

B Zwischen Kindern und Hunden gibt es keine Probleme, denn sie sind gleichermaßen spielbegeistert und verstehen sich daher immer gut.

C Kinder können Hundeverhalten missverstehen bzw. falsch deuten und verhalten sich dann aus Hundesicht unangemessen.

D Hunde, die mit Kindern nicht vertraut sind, reagieren im Umgang mit Kindern schnell gestresst. Dies kann auch zu Angst- oder Aggressionsproblemen führen.

**144 Mein Hund reagiert seit neues-
tem zickig, wenn er plötzlich
angefasst wird oder andere
Hunde ihn stürmisch begrüßen.
Er schnappt dann auch schon
mal, aber er hat noch nie verletzt.**

A Er könnte Schmerzen haben, ich werde
dies umgehend vom Tierarzt abklären
lassen und darauf bestehen, dass er bis
zur endgültigen Diagnose ein Schmerz-
mittel bekommt.
B Ich sollte ihn hart bestrafen, denn so
etwas sollte sich nicht einschleichen.
C Ich unternehme nichts, denn er verletzt
ja nicht.
D Ich teste, ob er immer noch gerne mit
dem Bällchen spielt und dabei auch
springt, um zu sehen, ob er vielleicht
Schmerzen hat. Da er sich weiterhin
spielfreudig zeigt, scheiden Schmerzen
als Ursache aus. Vermutlich handelt es
sich dann um eine individuelle Abnei-
gung gegen die jeweiligen Menschen
oder Artgenossen.

**145 Auf dem Hundespaziergang
kommen Ihnen Personen entgegen, die sich angesichts Ihres
Hundes deutlich unwohl fühlen.
Was tun Sie?**

A Wenn es ein Ort ist, an dem man den
Hund laufen lassen darf und der Hund
brav ist, muss ich nichts unternehmen.
B Ich gehe auf die Leute zu und versichere,
dass der Hund ganz lieb ist.
C Ich leine meinen Hund sofort an, denn
andere Menschen sollen sich durch meinen Hund nicht bedroht fühlen.

D Ich rufe meinen Hund umgehend zu mir
und führe ihn kontrolliert an den Personen vorbei.

**146 Sollte man, wenn man einen
Hund übernimmt, mit ihm zum
Tierarzt gehen, auch wenn der
Hund einen gesunden Eindruck
macht?**

A Ja, damit der Tierarzt den Hund möglichst auch einmal gesund kennenlernen
kann. Er kann dann krankheitsbedingtes
Verhalten besser einordnen. Außerdem
soll der Tierarzt anhand des Impfpasses
überprüfen, ob der Hund ausreichend
geimpft ist.
B Ja, damit sich der Hund an den Tierarzt
und die Abläufe in der Praxis gewöhnt.
C Nein, so etwas ist nicht notwendig und
reine Geldverschwendung.
D Nein, das wäre ungünstig, denn ein Tierarztbesuch ist immer traumatisch und
stressig. Unter diesen Bedingungen kann
es leicht passieren, dass das noch nicht
so stabile Vertrauen zu mir direkt zer-
stört wird.

**147 Wie viel Bewegung braucht ein
Hund?**

A Das ist abhängig von der Größe, dem
Alter und dem Gesundheitszustand.
B Hunde brauchen nicht viel Bewegung.
Es sind Tiere, die Gemütlichkeit lieben.
Dies gilt speziell für kleine Rassen.
C Zu viel Bewegung schadet den Gelenken.
Dies gilt speziell im Wachstum.
D Das ist von der Futtermenge abhängig.

148 Kann man mit einem Hunde-halfter bestimmte Probleme leichter in den Griff bekommen?

A Ja, aggressives Verhalten, denn das Bei-ßen wird verhindert.
B Ja, z. B. das Ziehen an der Leine.
C Nein, im Gegenteil: Der Einsatz eines Hundehalfters ist tierschutzrechtlich bedenklich.
D Nein, Hundehalfter sind bloß eine Modeerscheinung.

149 Muss man mit einem Hund üben, dass er sich überall anfassen lässt?

A Ja, es ist ein sinnvolles Training und för-dert das gegenseitige Vertrauen.
B Ja, zudem erleichtert es spätere Pflege-maßnahmen.
C Ja, denn viele Hunde sind zunächst nicht bei allen Körperkontakten ent-spannt, so dass man sich dies in den Übungen erarbeiten sollte.
D Nein, das wäre Zeitverschwendung. Man muss so etwas nicht üben. Ein Hund, der gut untergeordnet ist, lässt sich sowieso überall problemlos anfassen.

150 Wie lange und wie häufig sollte man mit einem Hund üben?

A Ideal wäre ein Mal am Tag eine Stunde.
B Am besten so häufig wie es geht, aber immer nur kurz, dann kann sich der Hund stets gut konzentrieren.
C Es ist besonders wichtig, dass man regelmäßig, d. h. täglich immer zur sel-ben Zeit übt, wie lange, ist abhängig vom Trainingsstand des Hundes.

D Zwei kurze Übungen pro Tag zu Hause und eine auf jedem Spaziergang sind absolut ausreichend, sonst wird der Hund überfordert.

151 Welche Aussage ist in Bezug auf die Körpertemperatur eines Hundes wahr?

A Die Körpertemperatur liegt im After gemessen bei einem gesunden erwach-senen Hund um 38°C.
B Die Körpertemperatur liegt im After gemessen bei einem gesunden erwach-senen Hund um 36°C.
C Solange die Nase kühl und feucht ist, hat der Hund kein Fieber. Fiebermessen ist dann nicht nötig.
D Ab einer Temperatur von 39,3°C hat ein erwachsener Hund Fieber.

152 Welche der folgenden Bedürf-nisse des Hundes sind für eine artgerechte Haltung täglich aus-reichend zu erfüllen?

A Der Hund muss angemessen, d. h. bis zu mehreren Stunden täglich geistig und körperlich gefordert werden.
B Der Hund muss jeden Tag genügend lange und mehrmals täglich Sozialkon-takte mit Menschen und Artgenossen haben.
C Der Hund muss jeden Tag ausreichend lange und häufige Kontakte mit Bezugs-personen und Artgenossen haben.
D Der Hund sollte vorwiegend in einer Zwingeranlage mit gut isoliertem Boden und einer Schutzhütte gehalten werden.

153 Ist es in Deutschland für alle Hunde grundsätzlich vorgeschrieben, sie mit einem Mikrochip kennzeichnen zu lassen?

A   Nein, es ist nur für bestimmte Hunde vorgeschrieben, aber es ist generell sinnvoll, denn per Mikrochip kann der Hund immer seinem Besitzer zugeordnet werden. Der Mikrochip ist unveränderbar und nicht zu fälschen.
B   Nein, nur für die, die im Flugzeug transportiert werden.
C   Ja, für alle.
D   Nein. Die Bundesländer haben diesbezüglich unterschiedliche Gesetze.

154 Bei einer Kastration werden...

A   ... die Tiere unwiederbringlich zeugungsunfähig gemacht.
B   ... beim männlichen Tier die Hoden entfernt, weibliche Tiere werden sterilisiert.
C   ... die Hoden bzw. die Eierstöcke und ggf. die Gebärmutter entfernt.
D   ... die Eileiter bzw. Samenleiter durchtrennt.

155 Wie kann man dem Hund gegenüber beweisen, dass man selbst der „Rudelführer" ist?

A   Man gibt dem Hund nur zu festen Zeiten zu fressen.
B   Wenn der Hund einmal im Weg liegt, achtet man stets darauf, um den Hund herumzugehen oder über ihn zu steigen, denn als Rudelführer muss man dafür Sorge tragen, dass die untergebenen Rudelmitglieder genug Zeit zur Rast haben, um fit und gesund zu bleiben.

C   Man sollte auf Spielaufforderungen des Hundes immer eingehen, denn die Rudelführung hat auch etwas mit Freundschaft und Bindung zu tun. Man kann so leicht erreichen, dass der Hund einen mag und anerkennt.
D   Man sollte darauf achten, soziale Aktivitäten zu beginnen und sie auch zu beenden, bevor der Hund die Lust verliert.

156 Kann man jeden Hund bedenkenlos mit den eigenen Kindern zusammenlassen?

A   Ja, denn ein Hund würde seine eigenen Rudelmitglieder nie beißen bzw. verletzen, daher ist es kein Problem.
B   Nein, nicht jeden Hund, sondern nur Hunde, die älter als 10 Jahre sind, denn sie sind immer ruhig und souverän.
C   Nein, denn es kann immer kritische Situationen geben.
D   Nur, wenn es ein kleiner Hund (etwa bis Dackelgröße) ist, der den Kindern nichts tun kann.

157 Wie verhalten Sie sich, wenn Sie auf dem Hundespaziergang an einem Kinderspielplatz vorbeikommen?

A   Ich habe einen kleinen Hund, der keine Gefahr für Kinder darstellt, deshalb lasse ich ihn laufen.
B   In der Nähe von Kinderspielplätzen leine ich meinen Hund an. Dadurch kann ich vermeiden, dass sich jemand belästigt oder gefährdet fühlt.
C   Wenn keine Kinder da sind, lasse ich den Hund auf den Spielplatz laufen, denn er liebt es, durch den Sand zu rennen.

D Mein Hund liebt Kinder. Ich schaue, ob Kinder da sind, damit mein Hund mit den Kindern toben kann.

158 Können im Zusammenhang mit Strafen Probleme auftreten?

A Ja, der Hund kann Angst vor der strafenden Person bekommen.
B Ja, der Hund kann aggressiv werden, wenn er sich bedroht fühlt oder Schmerzen empfindet.
C Ja, es kann sein, dass der Hund die Strafe auf ein anderes Detail bezieht, als das, was als Lerninput beabsichtigt war.
D Nein, man braucht keine Probleme zu erwarten, denn Strafe ist etwas, was der Hund immer versteht.

159 Was wird als sogenanntes Erziehungsgeschirr bezeichnet?

A Ein Zuggeschirr, mit dem zum Beispiel Schlittenhunde einen Schlitten ziehen.
B Als Erziehungsgeschirr bezeichnet man das Geschirr samt Bügel, wie es z. B. Blindenführhunde tragen.
C Beim Erziehungsgeschirr laufen dünne Schnüre unter den Achseln des Hundes durch, die sich zusammenziehen, wenn der Hund an der Leine zieht. Der Hund hat dann große Schmerzen und hört möglicherweise auf, an der Leine zu ziehen.
D Eine Kombination aus Leine und Halsband, bei dem sich das Halsband zusammenzieht, wenn der Hund zu stark zieht.

160 Auf dem Hundespaziergang kommt Ihnen ein Reiter entgegen.

A Sie müssen den Hund sofort rufen und an die Leine nehmen, bis Pferd und Reiter vorbei sind. Ableinen darf man den Hund erst wieder, wenn sicher ist, dass der Hund dem Pferd nicht hinterherrennen wird.
B Wenn der Hund Pferde kennt, braucht man nichts zu unternehmen.
C Wenn der Reiter nur Schritt reitet, ist keine Gefahr gegeben, denn das langsame Reiten verleitet nicht zum Jagen.
D Manche Pferde scheuen, wenn ihnen Hunde nah kommen. Da so Unfälle passieren können, muss man den Hund abrufen und unter Kontrolle halten.

161 Wie lange dauert die Trächtigkeit einer Hündin?

A 4 Monate.
B 60 bis 63 Tage.
C 10 Monate.
D Je nach Rasse zwischen drei Wochen und drei Monaten.

162 Kann eine Hündin schon bei der ersten Läufigkeit erfolgreich gedeckt werden?

A Ja.
B Nein.

163 Wann werden die meisten Hündinnen das erste Mal läufig?

A Mit 18 Monaten.
B Zwischen 6 und 12 Monaten.
C Im ersten Frühling, den sie erleben.
D Wenn man vom Junghundefutter auf Erwachsenennahrung umstellt.

164 Wie viel sollte ein Hund zu fressen bekommen?

A Hunde sollten immer ein bisschen Hunger haben, denn sonst neigen sie zu Ungehorsam.
B Das steht genau auf den Futterpackungen drauf. Gesundheitsförderlich ist zudem die Einhaltung eines Fastentages pro Woche.
C Hunden kann man Futter zur freien Verfügung hinstellen, sie fressen nur so viel, wie sie brauchen.
D So viel, wie er braucht, damit er eine schlanke Figur hat und weder zu- noch abnimmt.

165 Sie ertappen zwei Hunde beim Deckakt in der Phase des „Hängens". Was können Sie tun?

A Übergießen Sie die Hunde schnellstmöglich mit kaltem Wasser, um den Deckakt zu unterbinden und eine Trächtigkeit zu verhindern.
B Sie können nichts mehr tun. Die Dinge nehmen zunächst ihren Lauf.
C Trennen Sie die Tiere auf keinen Fall, weil sie schwere Verletzungen an den Geschlechtsorganen bekommen würden. Warten Sie die gesamte Dauer des Deckaktes, also auch die Zeit des „Hän-

gens" ab. Danach kann man mit dem Tierarzt besprechen, was zu unternehmen ist, wenn keine Welpen erwünscht sind.
D Reißen Sie den Rüden so schnell wie möglich von der Hündin weg, wenn kein Nachwuchs erwünscht ist.

166 Was sollten Sie tun, wenn Ihr Hund seit zwei Tagen starken Durchfall und Erbrechen hat?

A Gehen Sie zum Tierarzt. Der Hund kann innerhalb weniger Tage in lebensbedrohlicher Weise austrocknen.
B Geben Sie dem Hund Milch, um ihn zu stärken.
C Sorgen Sie dafür, dass der Hund genug Flüssigkeit bekommt, die er auch bei sich behält. Notfalls über eine Infusion vom Tierarzt.
D Verabreichen Sie dem Hund Kohletabletten gegen den Durchfall und geben Sie ihm einen Tag lang nur gekochten Reis zu fressen.

167 Die Magendrehung ist eine lebensgefährliche Erkrankung. Was trifft hier zu?

A Eine Magendrehung tritt vermehrt bei großen Hunderassen auf.
B Hunde sollten direkt nach dem Fressen laufen, um schneller verdauen zu können.
C Hunde sollten direkt nach dem Fressen eine Ruhepause einhalten.
D Hunde sollten einmal am Tag gefüttert werden.

168 Darf man ängstlichen Hunden einen Maulkorb aufziehen, wenn es die Situation erfordern würde?

A Nein, denn ein ängstlicher Hund braucht sowieso keinen Maulkorb, denn ein ängstlicher Hund würde niemals beißen.

B Ja. Eine schrittweise Gewöhnung an das Tragen eines Maulkorbs ist zudem für jeden Hund eine empfehlenswerte Übung, denn dann stellt ein echter Einsatz keine Belastung dar.

C Nein, auf keinen Fall; der Hund würde hierdurch noch mehr Angst bekommen.

D Ja, in manchen Situationen ist dies unumgänglich.

169 Unter welchen Umständen kann ich meinen Hund in der Öffentlichkeit zu anderen Hunden hinlaufen lassen?

A Im Hundeauslaufgebiet darf der Hund zu jedem anderen hinlaufen.

B Man sollte vorher mit dem anderen Hundehalter abgeklärt haben, ob ein Kontakt erwünscht ist.

C An der Straße nur, wenn die Hunde an der Leine sind. Sie könnten sonst beim Spielen auf die Fahrbahn laufen.

D Niemals an der Straße und nicht an der Leine oder wenn sich andere Menschen oder Tiere durch die spielenden Hunde belästigt fühlen oder gefährdet werden könnten.

170 Warum ist es wichtig, einen Hund regelmäßig gegen Tollwut impfen zu lassen?

A Die Tollwutimpfung ist für alle großen Hunde in Deutschland zwingend vorgeschrieben.

B Tollwut ist eine unheilbare und stets tödlich verlaufende Erkrankung, mit der sich auch Menschen infizieren können.

C Eine Tollwutimpfung ist überflüssig; Tollwut kommt heutzutage in Deutschland überhaupt nicht mehr vor.

D Tollwutgeimpfte Hunde stehen gesetzlich besser da als ungeimpfte, da sie im Verdachtsfall nicht umgehend getötet werden.

171 Wenn im Mietvertrag für eine Etagenwohnung kein Hinweis zu finden ist, ob Tierhaltung erlaubt ist, darf man sich dann einen Hund anschaffen?

A Ja, aber nur einen Hund, der kleiner als 40 cm Schulterhöhe ist.

B Ja, ansonsten müsste ein Haltungsverbot extra erwähnt werden.

C Nein, man muss erst die schriftliche Erlaubnis des Vermieters einholen.

D Nein, man muss neuerdings erst die schriftliche Zustimmung der anderen Mieter einholen.

172 Wie sehen typische Symptome einer Scheinträchtigkeit aus?

A Das Gesäuge schwillt an und gegebenenfalls tritt Milchausfluss auf.

B Die Hündin toleriert grundsätzlich keine Nähe von anderen Hündinnen mehr und

beißt diese im Kontakt stets von sich weg.

C Die Hündin trägt Spielzeug umher und „pflegt" es.

D Die Hündin hat vermehrt Durst und verliert Sekret aus der Scheide.

173 Wie verhalten Sie sich, wenn Ihr Hund frei läuft und Ihnen eine Person mit angeleintem Hund entgegenkommt?

A Ich rufe meinen Hund und leine ihn an. Ich stelle mich mit meinem Hund so hin, dass der andere Hundebesitzer ausreichend Abstand halten kann, wenn er mit seinem Hund an uns vorbeigeht. Während dieser Begegnung achte ich darauf, dass mein Hund den anderen Hund weder belästigt noch provoziert.

B Ich rufe der anderen Person zu, dass sie ihren Hund ableinen soll. Wenn sie es nicht tut, drohe ich mit einer Anzeige, denn jedem Hund muss Freilauf gewährt werden.

C Ich frage den Besitzer des anderen Hundes, ob mein Hund seinen Hund begrüßen darf, falls ja, lasse ich ihn hinlaufen, andernfalls leine ich ihn an und lasse ihn erst wieder frei, wenn ich sicher weiß, dass er nicht zu dem anderen Hund laufen wird.

D Ich lasse meinen Hund immer zu dem anderen Hund laufen, denn meiner beißt nicht und Sozialkontakte mit Artgenossen sind wichtig für sein Wohlbefinden.

174 Was bedeutet es, wenn ein Hund einem anderen den Kopf auf den Rücken legt?

A Der Hund, der dies tut, ist unterwürfig.

B Diese Geste heißt: „Willst du mit mir spielen?"

C Er ist müde.

D Bei der Geste handelt es sich um eine Imponiergeste.

175 Auf einer Wiese spielen Kinder Fußball. Wie verhalten Sie sich mit Ihrem frei laufenden Hund?

A Wenn dies ein Hundeauslaufgebiet ist, darf ich den Hund frei laufen lassen. Die Kinder sind selbst Schuld, wenn mein Hund ihnen den Ball klaut. Sie könnten schließlich woanders spielen.

B Ich muss gar nichts unternehmen, denn mein Hund ist nicht aggressiv. Für den Fall, dass er im Übermut den Ball kaputt machen sollte, habe ich eine Haftpflichtversicherung.

C Ich leine den Hund vorsichtshalber an, bis ich an den ballspielenden Kindern vorbei bin und sicher weiß, dass der Hund nicht zurücklaufen wird.

D Ich frage die Kinder, ob sie Angst vor Hunden haben. Wenn sie nicht ängstlich sind, lasse ich meinen Hund laufen. Dann kann er auch mittoben, wenn er Lust hat.

176 Was können Sie tun, damit die Zähne Ihres Hundes gesund bleiben?

A Ich kann ihm die Zähne putzen.
B Ich biete ihm spezielle Kauknochen an.
C Ich füttere nur Weichfutter, denn das nutzt die Zähne nicht so stark ab.
D Ich gehe auch kleinen Anzeichen möglicher Probleme sofort nach (z. B. Mundgeruch, Schmerzen, Appetitlosigkeit, Speicheln).

177 Welchen Ausdruck zeigt dieser Hund?

A Der Hund ist neutral bis aufmerksam.
B Der Hund ist ängstlich.
C Der Hund droht selbstsicher.
D Der Hund ist unterwürfig.

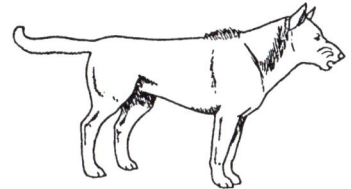

178 Welchen Ausdruck zeigt dieser Hund?

A Der Hund ist neutral bis aufmerksam.
B Der Hund droht aus Unsicherheit.
C Der Hund ist friedfertig.
D Der Hund ist unterwürfig.

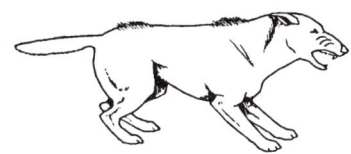

179 Welchen Ausdruck zeigt dieser Hund?

A Der Hund ist neutral bis aufmerksam.
B Der Hund ist stark ängstlich.
C Der Hund ist aggressiv.
D Der Hund ist unterwürfig.

180 Welchen Ausdruck zeigt dieser Hund?

A Der Hund ist neutral bis aufmerksam.
B Der Hund ist aggressiv.
C Der Hund zeigt beschwichtigendes Verhalten.
D Der Hund ist freundlich-unterwürfig.

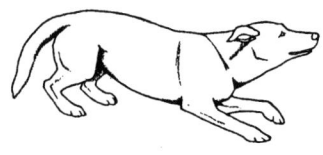

182 Welchen Ausdruck zeigt dieser Hund?

A Der Hund ist ängstlich und unterwürfig.
B Der Hund ist neutral bis aufmerksam.
C Der Hund droht unsicher und ist erregt.
D Der Hund zeigt eine Unterwerfungsgeste.

181 Welchen Ausdruck zeigt dieser Hund?

A Der Hund ist unterwürfig.
B Der Hund droht selbstsicher.
C Der Hund ist zurückhaltend und zeigt eine leichte Spielgeste.
D Der Hund ist müde.

183 Welchen Ausdruck zeigt dieser Hund?

A Der Hund ist ängstlich und unterwürfig.
B Der Hund ist neutral bis aufmerksam.
C Der Hund ist müde.
D Der Hund droht unsicher und ist erregt.

184 Welchen Ausdruck zeigt dieser Hund?

A   Der Hund ist ängstlich und unterwürfig.
B   Der Hund ist neutral bis aufmerksam.
C   Der Hund ist müde.
D   Der Hund zeigt eine Unterwerfungs-
    geste.

Grundsätzlich beziehen **Hinweis**
sich die abgefragten
Inhalte auf „normales" Hundeverhalten
und Hundeverhalten im Allgemeinen.
In Einzelfällen kann, unter anderem
bedingt durch die ausgeprägte Lernfähigkeit und das Anpassungsvermögen
von Hunden, durchaus abweichendes
Verhalten auftreten.

Lösungen

1	A, B	32	A, B, C	63	A
2	A, C	33	B	64	A
3	A, B, C, D	34	B	65	B, C
4	A, B, C, D	35	B	66	A, B
5	A, B, C	36	A, B	67	A
6	A, C	37	A, C	68	B, C
7	D	38	A, B	69	D
8	B	39	B, C	70	A, B, C
9	A, D	40	B, D	71	B, C
10	B, D	41	B	72	B, C, D
11	A, B	42	B	73	B
12	A, B	43	C, D	74	B
13	B, C	44	A, B, D	75	A
14	A	45	A, B, C	76	A, B, D
15	A, B, D	46	A	77	C
16	A, B, C, D	47	A, C	78	B
17	B	48	B	79	B, D
18	A, C	49	B, C	80	B, D
19	A	50	A, B, D	81	D
20	A, B, C	51	A, B, C	82	B, C
21	B, D	52	A, C	83	B
22	A	53	A	84	D
23	C	54	B, C	85	A
24	A, B, C, D	55	B, D	86	A, B, C, D
25	A, B, D	56	A, C, D	87	A, B
26	C	57	A, C	88	B, D
27	B, D	58	B	89	A
28	D	59	B, C, D	90	B, C
29	C	60	A, C	91	B
30	C, D	61	A	92	B, C, D
31	A, B, C	62	B	93	A, C

94	B, C	125	B	156	C
95	B, C	126	B, C	157	B
96	B, D	127	A, B	158	A, B, C
97	C	128	A, B, C	159	C
98	B	129	B, C	160	A, D
99	B, C	130	A, B, D	161	B
100	C	131	A	162	A
101	B	132	D	163	B
102	A, C	133	B	164	D
103	B	134	B	165	B, C
104	D	135	A	166	A, C
105	B, C	136	B	167	A, C
106	C, D	137	A, B	168	B, D
107	C, D	138	B	169	B, D
108	A	139	A, B, C, D	170	B, D
109	A, B, D	140	A, D	171	C
110	A, B, C	141	B	172	A, C
111	A, C	142	A, B, C	173	A, C
112	B	143	A, C, D	174	D
113	A	144	A	175	C
114	A	145	C, D	176	A, B, D
115	C, D	146	A, B	177	C
116	A, C	147	A	178	B
117	A, C	148	B	179	B, D
118	A, C	149	A, B, C	180	C, D
119	B	150	B	181	C
120	D	151	A, D	182	C
121	A, D	152	A, B, C	183	B
122	B, C	153	A, D	184	A, D
123	A, C, D	154	A, C		
124	B, C, D	155	D		

Service

Internetlinks

Lupologic GmbH (Hauptmenü: Tierarzt-praxis – Ernährungsberatung)
www.lupologic.de

Futtermedicus (individuelle tierärztliche Ernährungsberatung und Bedarfsberechnung)
www.futtermedicus.de

BHV (Berufsverband der Hundeerzieher/innen und Verhaltensberater/innen
www.bhv-net.de

VDH (Verband für das Deutsche Hundewesen)
www.vdh.de

Übersicht über die einzelnen Verordnungen und Gesetze
www.hundegesetze.de

Übersicht über alle Gesetzestexte
www.gesetze-im-internet.de

Zum Weiterlesen

Del Amo, Celina: Probleme mit dem Hund verstehen und vermeiden. Mit 13 Trainingsprogrammen. Verlag Eugen Ulmer 2007.

Del Amo, Celina: Spaßschule für Hunde. 100 x spielen, tricksen, clickern. Verlag Eugen Ulmer 2009.

Del Amo, Celina, Mahnke, Karina, Jones-Baade, Dr. Renate: Der Hundeführerschein. Sachkunde – Basiswissen und Fragenkatalog. Verlag Eugen Ulmer 2009.

Del Amo, Celina: Welpenschule. Verlag Eugen Ulmer 2010.

Del Amo, Celina: Spielschule für Hunde. 117 Tricks und Übungen. Verlag Eugen Ulmer 2011.

Del Amo, Celina: Abenteuer für Hunde. Spiel und Spaß unterwegs. Verlag Eugen Ulmer 2011.

Hesel, Lynn: Apportierspiele. Dummyarbeit Schritt für Schritt. Verlag Eugen Ulmer 2009.

Laukner, Anna: Taschenatlas Hunderassen Verlag Eugen Ulmer 2011.

Laukner, Anna: Taschenatlas Kleine Hunde. Verlag Eugen Ulmer 2011.

Sondermann, Christina: Einfach schnüffeln! Nasenspiele für den Hundealltag. Verlag Eugen Ulmer 2011.

Über die Autorin

Celina del Amo, Düsseldorf (NRW), ist
Tierärztin mit der Zusatzbezeichnung
Verhaltenstherapie für Hunde und Katzen.
Sie ist Mit-Gründerin der Lupologic
GmbH, Zentrum für angewandte Kyno-
logie und klinische Ethologie.

Bildquellen

Titelfoto: Silke Klewitz-Seemann
animals-digital/Brodmann: S. 86 (3), 87
  (2), 93
Celina del Amo: S. 106 (2), 127
Annette Hempfling: S. 99, 126, 131
Dieter Kothe: S. 48, 79, 91, 104, 108, 110,
  118, 121 (3), 181
Heike Schmidt-Röger: S. 2, 6, 9, 14, 17, 20,
  24, 26, 32, 33, 40, 44, 46, 51, 53, 55,
  56, 57, 59, 60, 64, 70, 73, 87u., 88, 95,
  100 (2), 103, 105, 111, 112, 114, 116,
  125, 135, 138
Christine Steimer. S. 77, 96, 98, 107, 117
Viviane Theby: S. 4, 67
Waldhäusl: S. 37

Zeichnungen
Dr. Anna Laukner: S. 36 (Einzelzeich-
  nungen daraus S. 178–180)
Oliver Eger: S. 61, 64/65

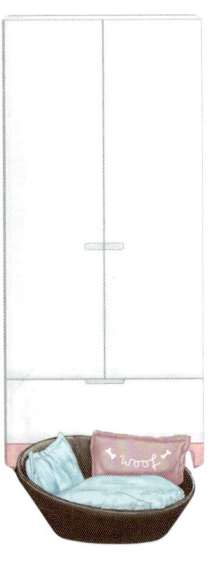

Nachgeschlagen

Impressum

Bibliografische Information der Deutschen Nationalbibliothek
Die Deutsche Nationalbibliothek verzeichnet diese Publikation in der Deutschen Nationalbibliografie; detaillierte bibliografische Daten sind im Internet über http://dnb.d-nb.de abrufbar.

© 2012, 2016 Eugen Ulmer KG
Wollgrasweg 41, 70599 Stuttgart (Hohenheim)
E-Mail: info@ulmer.de
Internet: www.ulmer-verlag.de

Lektorat: Antje Munk, Denise Anders
Herstellung: Gabriele Wieczorek
Umschlagentwurf: Verlag Eugen Ulmer
Satz: r&p digitale medien, Echterdingen
Druck und Bindung: Firmengruppe APPL, aprinta-druck, Wemding
Printed in Germany

ISBN 978–3–8001–0376–8

Hier können Sie weiterlesen:

- Das gesamte Wissen für die Hundeführerschein-Prüfung

- Fragenkatalog nach den aktuellen Anforderungen der Prüfungsstellen

- Fragenkatalog im Multiple-Choice-Verfahren

Sie wollen mit Ihrem Hund die Prüfung zum Hundeführerschein ablegen? Dieses Buch vermittelt Ihnen alle Grundlagen, um den Hundeführerschein erfolgreich zu bestehen: Wie ist die Entwicklungsgeschichte des Hundes? Wie lernen Hunde? Wie kommunizieren sie? Wovor haben Hunde Angst? Was versteht man unter einer erfolgreichen Hundeerziehung? „Der Hundeführerschein" hält für Sie das nötige Basiswissen über Hunde bereit, behandelt alle rechtsrelevanten Themen und beinhaltet einen ausführlichen Frage-Antwort-Katalog nach den Anforderungen der Prüfungsstellen, damit Sie sich perfekt auf den Hundeführerschein vorbereiten können. Unser Extra: Alles über den Ablauf einer Hundeführerschein-Prüfung.

Der Hundeführerschein – Das Original. Sachkunde – Basiswissen und Fragenkatalog.

5. Auflage 2016. 128 Seiten, 31 Farbfotos, 5 Zeichnungen, kartoniert. ISBN 978-3-8001-8294-7.

www.ulmer.de

Ohne Tricks geht nix!

- Spielen, tricksen, clickern: So kann's jeder Hund lernen
- Verschiedene Lern- und Trainingsmethoden
- Sportliches und Gehirnjogging

Sie haben Lust, Ihrem Hund verschiedene Übungen und Tricks beizubringen? Krabbengang, Rückwärtsslalom, Spanischer Schritt, Winken oder Schämen? Das kann auch Ihr Hund lernen! Durch genaue Schritt-für-Schritt-Anleitungen lernen Sie, wie Sie Ihrem Hund Späße, Spiele und nützliche Übungen für jeden Tag beibringen können. Celina del Amo zeigt Ihnen, welche Methoden für welches Training am besten geeignet ist, ob Sie z.B. das Target-Training oder den Clicker einsetzen können. Außerdem finden Sie Trainingsanleitungen für Geschicklichkeit, Mut und Balance, Kopf-, Bein- und Handarbeit. Auch die Themen Nasenarbeit und Gehirnjogging kommen in diesem anschaulich bebilderten Ratgeber nicht zu kurz.

Die neue Spaßschule für Hunde. Spielen, tricksen, clickern. Celina del Amo.

3., aktualisierte Auflage 2016. 128 Seiten, 80 Farbfotos, kart. ISBN 978-3-8001-0381-2.

Ganz nah dran. **Ulmer**

Immer wieder spannend!

- Viele Ideen für interessante Spaziergänge
- Tipps & Tricks für unterwegs
- Übungen ohne großen Aufwand

Sie haben es in der Hand: So wird die alltägliche Hunderunde zum Abenteuerspaziergang! Gestalten Sie die gemeinsamen Unternehmungen für Ihren Hund interessant und anregend. Dieses Buch zeigt Ihnen, wie Sie mit minimalem Aufwand für maximale Abwechslung sorgen können. Unterwegs eingestreute Trainingseinheiten festigen nicht nur den Grundgehorsam, sondern auch die Bindung zwischen Hund und Halter. Ein Beschäftigungsprogramm, mit dessen Hilfe Vierbeiner einfach und effektiv sowohl körperlich als auch geistig ausgelastet werden können.

Abenteuer für Hunde. Spiel und Spaß unterwegs. Celina del Amo. 2011. 125 Seiten, 90 Farbfotos, kart. ISBN 978-3-8001-6717-3.

 **www.ulmer.de**